# 基于.NET Core的高性能Web系统设计与开发技术

王合闯　韩红玲　著

中国水利水电出版社
www.waterpub.com.cn
·北京·

## 内 容 提 要

.NET Core 是一种可以在桌面应用、服务云、物联网方案中使用的高性能开源框架，由开销很小的模块化组件构成。.NET Core 应用程序和服务可以在 Windows、Mac 和 Linux 上跨平台开发、运行和部署。

本书通过分析高并发系统存在的瓶颈，提出了一种支持超大规模和高并发访问的高性能 Web 项目架构，并给出了该架构的总体设计、身份认证、业务系统开发和消息转发等基本子系统的模板，及其采用的关键技术，包括分布式静态文件系统、数据库集群技术、Web API 开放方法、机器学习框架、IDS 身份认证。本书还论述了开发项目采用的版本控制与项目管理方法，以及项目部署和负载均衡技术。

本书可作为高等院校信息类专业本科“Web 应用开发”课程的教材或实践指导书，也可作为.NET Core 应用开发程序员的参考书。

**图书在版编目（CIP）数据**

基于.NET Core的高性能Web系统设计与开发技术 / 王合闯，韩红玲著. -- 北京 : 中国水利水电出版社，2020.3（2024.1重印）
ISBN 978-7-5170-8418-1

Ⅰ. ①基… Ⅱ. ①王… ②韩… Ⅲ. ①网页制作工具－程序设计 Ⅳ. ①TP393.092.2

中国版本图书馆CIP数据核字(2020)第027437号

策划编辑：陈红华　　责任编辑：陈红华　　封面设计：梁　燕

| | |
|---|---|
| 书　名 | 基于.NET Core 的高性能 Web 系统设计与开发技术<br>JIYU .NET Core DE GAO XINGNENG Web XITONG SHEJI YU KAIFA JISHU |
| 作　者 | 王合闯　韩红玲　著 |
| 出版发行 | 中国水利水电出版社<br>（北京市海淀区玉渊潭南路 1 号 D 座　100038）<br>网址：www.waterpub.com.cn<br>E-mail：mchannel@263.net（万水）<br>sales@waterpub.com.cn<br>电话：（010）68367658（营销中心）、82562819（万水） |
| 经　售 | 全国各地新华书店和相关出版物销售网点 |
| 排　版 | 北京万水电子信息有限公司 |
| 印　刷 | 三河市元兴印务有限公司 |
| 规　格 | 170mm×240mm　16 开本　12.75 印张　236 千字 |
| 版　次 | 2020 年 3 月第 1 版　2024 年 1 月第 3 次印刷 |
| 印　数 | 0001－3000 册 |
| 定　价 | 65.00 元 |

# 前　　言

随着互联网的迅速发展和普及，有关 Web 开发的相关新技术层出不穷。然而，伴随着日益增长的网络用户数量，受到并发连接数目理论峰值的限制，任何单一的 Web 系统服务器站点都不能承受超大规模的访问，需要使用服务器集群来应对大规模访问下的 Web 请求。本书试图从项目的架构、数据库集群、分布式静态文件存储等技术方面，论述高并发访问下的高性能 Web 系统设计与开发技术，为 Web 开发设计者开发高性能 Web 站点提供一些参考。

本书可满足现阶段和今后一段时间内高校学生、Web 技术开发爱好者和工程开发实践者的需求，针对性强，内容详实。技术及内核介绍深入浅出，易于理解和掌握，并且与实战相结合，具有很强的实用性。

本书深入分析和论述了高性能 Web 系统设计与开发的典型技术，体现了现代 Web 站点在高并发访问下构架设计的新理念；包含了高性能 Web 站点的构架实践、设计开发技术、大规模存储访问和安全机制等，同时对高性能并发系统中的部分关键技术进行了论述，给出了项目安全保障的基本机制，涵盖了项目开发、管理和部署的整个关键域，使理论和实践结合的理念得以充分体现。

本书共 10 章，第 1 章论述了高性能 Web 项目架构，通过分析小型项目架构和解析高并发系统存在的瓶颈，参考目前知名互联网公司网站的架构图，论述了一种支持超大规模和高并发访问的高性能 Web 项目架构设计；第 2 章论述了高性能 Web 站点的总体设计与开发，给出了系统开发的总体设计，设计了各个子项目共享的类库，论述了高性能 Web 项目应当具备的身份认证、业务系统开发和消息转发等基本子系统；第 3 章论述了高性能 Web 系统中的分布式静态文件系统，通过分析相关的技术，为高性能 Web 系统设计和实现了一个分布式静态文件系统；第 4 章论述了 Web 系统必备的高性能数据库集群技术，通过读写分离以支持高并发访问；第 5 章论述了如何开放系统的 Web API 以供各个组件和第三方系统集成使用；第 6 章论述了如何在系统中融入人工智能，使得 Web 系统能够引入先进的机器学习框架进行复杂问题处理；第 7 章论述了大规模并发访问的请求串行化技术，使高并发系统在高并发访问时进行削峰填谷；第 8 章论述了项目中的安全保证机制，如加密、解密技术，以及应用 IDS 进行身份认证来保证系统安全的机理；第 9 章论述了开发高性能 Web 项目所采用的源代码版本控制与项目管理方法；第 10 章论述了高性能 Web 项目开发完成后的部署以及在运维中的负载均衡技术。

本书由王合闯主持撰写并审稿，韩红玲、李鹏举、王泽雨也参与了本书的编写，对全书的内容录入、修改及代码测试等方面做了大量工作。

本书反映了 Web 系统技术与开发的较新成果，融入了高性能站点设计的新理念。

由于作者水平有限，书中错误在所难免，恳请各位专家和读者提出宝贵意见和建议。作者联系方式：oamist@126.com。

作 者

2019 年 11 月

# 目　　录

# 第 1 章　高性能 Web 项目架构

## 1.1　小型项目的系统架构

一些小型的网站，比如个人网站、小型企业的门户网站或者功能单一的应用类网站，可以使用一个简单的工程项目，采用 MVC 框架模型，配合 html 静态页面，采用简单的 REST API，就能实现一个功能完善的 Web 应用系统。这类项目的所有页面均存放在同一个项目的 wwwroot 目录下，这种网站对系统架构、性能的要求都相对简单。

一个典型的小型项目的系统架构如图 1-1 所示。

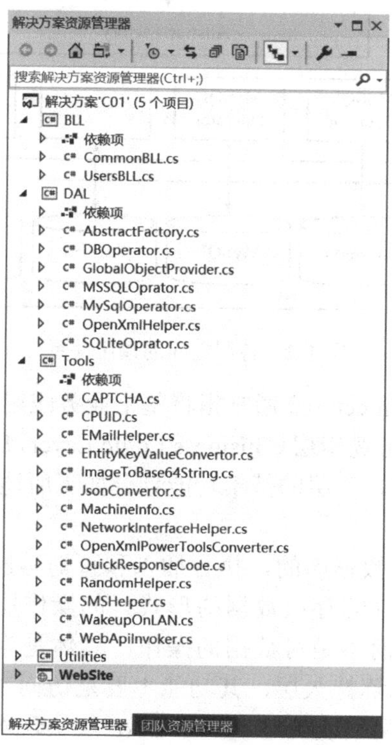


图 1-1　典型的小型项目的系统架构

小型网站大多采用分层开发的思想。分层开发的目的是“高内聚、低耦合”。在软件体系架构设计中，分层式结构是一种最常见也是最重要的结构。微软推荐的分层式结构一般分为三层，从下至上分别为数据访问层、业务逻辑层（又称领域层）、表示层。各层之间的调用关系如图 1-2 所示。

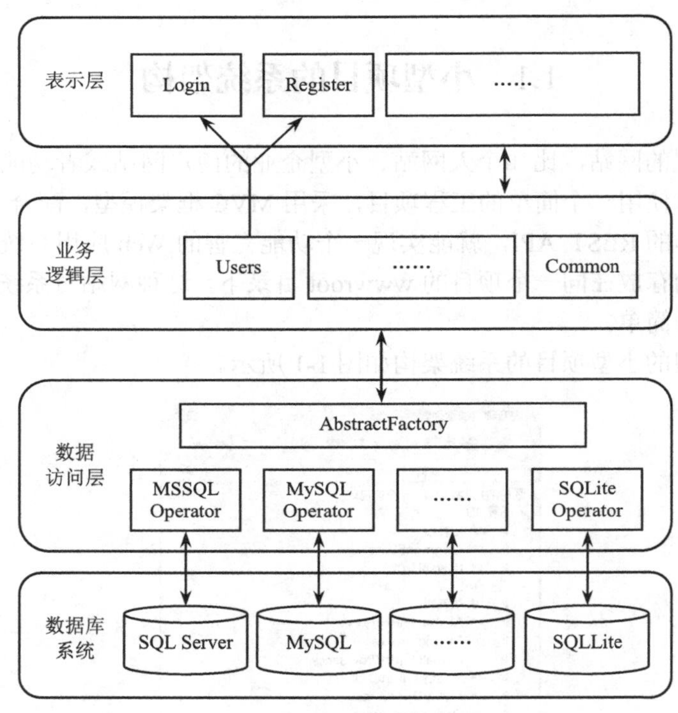


图 1-2 各层之间的调用关系

三层架构（3-tier architecture）通常指将整个业务应用划分为数据访问层（Data Access Layer，DAL）、业务逻辑层（Business Logic Layer，BLL）和用户访问层（User Interface，UI）三个层次，每层的基本功能划分如下所述。

1. *数据访问层*

DAL 层主要是连接数据库的，执行插入和查询等操作。该层是对非原始数据（数据库或者文本文件等存放数据的形式）的操作层，而不是指原始数据，即是对数据库的操作，而不是对数据的操作，具体是为业务逻辑层或表示层提供数据服务。DAL 层也称持久层，其功能主要是访问数据库，可以访问数据库系统、二进制文件、文本文档或 XML 文档。DAL 层实现对数据表的 Select、Insert、Update、Delete 操作。如果要加入 ORM 的元素，就会包括对象和数据表之间的

Mapping 及对象实体的持久化。为了能够屏蔽数据库的差异，使系统能够适用于各类数据库，可采用抽象工厂的模式，为各类数据库建立一个抽象类抽象工厂（AbstractFactory）类，而 MSSQL Operator、MySQL Operator 和 SQLite Operator 则实现了 AbstractFactory 类。通过配置文件，可以任意切换系统采用的数据库类型，有利于系统的移植。抽象工厂模式是所有形态的工厂模式中最抽象和最具一般性的一种形态。抽象工厂模式是指有多个抽象角色时使用的一种工厂模式，可以向客户端提供一个接口，使客户端在不必指定产品的具体情况下，创建多个产品族中的产品对象。根据里氏替换原则，任何接受父类型的地方都应当能够接受子类型。因此，实际上系统需要的仅仅是类型与这些抽象角色相同的一些实例，而不是这些抽象产品的实例，即这些抽象产品的具体子类的实例。工厂类负责创建抽象产品的具体子类的实例。

2. 业务逻辑层

BLL 层的主要作用是调用 DAL 层的方法，然后返回结果给表示层。如果业务逻辑相对复杂，可以再创建一层，采用多层架构。BLL 层主要是针对具体问题的操作，也可以理解成对数据层的操作，处理数据业务逻辑。BLL 层是系统架构中体现核心价值的部分，它的关注点主要集中在业务规则的制定、业务流程的实现等与业务需求有关的系统设计，即它与系统所对应的域（Domain）逻辑有关，很多时候也将业务逻辑层称为领域层。BLL 层在体系架构中的位置很关键，它处于数据访问层与表示层中间，起到了数据交换中承上启下的作用。由于层是一种弱耦合结构，层与层之间的依赖是向下的，底层对于上层而言是“无知”的，改变上层的设计对其调用的底层而言没有任何影响。如果在分层设计时遵循了面向接口设计的思想，那么这种向下的依赖也应该是一种弱依赖关系。因而在不改变接口定义的前提下，理想的分层式架构应该是一个支持可抽取、可替换的“抽屉”式架构。正因如此，业务逻辑层的设计对一个支持可扩展的架构尤其关键，因为它扮演了两个不同的角色，对于数据访问层而言，它是调用者；对于表示层而言，它是被调用者。依赖与被依赖的关系都纠结在业务逻辑层上，如何实现依赖关系的解耦是除了实现业务逻辑之外留给设计师的任务。

3. 表示层

UI 层的主要作用是接收用户的请求及返回数据，为客户端提供应用程序的访问。UI 层位于最外层（最上层），最接近用户。UI 层主要用于显示数据和接收用户输入的数据，然后调用 BLL 层的方法处理数据，根据结果显示相应的数据和最终运行的结果，UI 层为用户提供一种交互式操作的界面。

分层开发的系统使得开发人员可以只关注整个结构中的某层。当某层的业务逻辑发生改变时，可以很容易地用新的实现来替换原有层次的实现。分层的思想可以降低层与层之间的依赖，有利于标准化，同时可提高各层逻辑的复用。分层开发使得系统的结构层次更加明确，利于后期维护，极大地减少了系统的维护成本和维护时间。但是，分层开发的无谓的跳转降低了系统的性能，即很多业务必须通过中间层来完成，如果不采用分层式结构，很多业务可以直接访问数据库，以获取相应的数据，有时系统的迭代改进会导致级联的修改，这种修改尤其体现在自上而下的方向上。如果需要在UI层中增加一个功能，为保证其设计符合分层式结构，可能需要在相应的BLL层和DAL层都增加代码，导致开发成本增加。

在高性能Web项目的运行过程中需要考虑系统的并发性能，采用缓存是一种网站性能优化不可缺少的数据处理机制，它能有效地缓解数据库压力。缓存是一种用空间换取时间的技术，即把用户得到的数据存放在内存中一段时间，短时间内服务器不读取数据库或真实的数据源，而读取用户存放在内存中的数据。在这些小型项目中，一般采用页面缓存、数据源缓存或自定义数据缓存等形式。

项目的安全性也是系统需要考虑的主要因素。网站安全是指出于防止网站受到外来入侵者对网站挂马、篡改网页等行为而做出的一系列防御工作。日志是发现入侵行为的主要手段之一。网站日志是记录Web服务器接收、处理请求及运行时出现的错误等各种原始信息的以.log结尾的文件，确切地讲，应该是服务器日志。网站日志的最大意义是记录网站运营中（如空间）的运营情况、被访问、请求的记录。通过网站日志可以清楚地得知用户在什么IP地址、什么时间，用什么操作系统、什么浏览器、什么分辨率的显示器访问了网站的哪个页面，是否访问成功等。在小型网站中，可采用Log4Net为应用添加日志功能。利用Log4Net，开发者可以很精确地控制日志信息的输出，减少了多余信息，提高了日志记录性能。同时，通过外部配置文件，用户可以不用重新编译程序就能改变应用的日志行为，使得用户可以根据情况灵活地选择要记录的信息。在实际的项目部署过程中，为了保障系统的安全，可采用Web应用防火墙进行Web防护、网页保护等整体安全防护。采用Web应用防火墙可事前主动防御，智能分析应用缺陷、屏蔽恶意请求、防范网页篡改、阻断应用攻击，全方位保护Web应用；并且能够事中智能响应，快速进行P2DR建模、模糊归纳和定位攻击，阻止风险扩散，消除“安全事故”于“萌芽”之中。通过事后行为审计，深度挖掘访问行为、分析攻击数据、提升应用价值，为评估安全状况提供详细报表，从而提高应用响应速度、提升系统性能、改善Web访问体验。

随着互联网业务的不断丰富，经过多年的发展，网站相关技术已经细分到方方面面，对于大型网站来说传统的小型应用项目技术亟待改进。大型网站采用的技术涉及面非常广，对硬件、软件、编程语言、数据库、Web Server、防火墙等各个领域都有很高的要求，所以对系统的设计和开发也提出了更高的要求。

## 1.2 高并发系统存在的瓶颈

在高并发系统中，并发系统中的共享资源并发访问、计算型密集型任务访问、单一热点资源峰值问题是系统存在的瓶颈的主要来源，主要表现在网络、数据库、服务器性能等几个方面。

一般来说，衡量一个系统性能的主要指标有吞吐量（系统单位时间内处理任务的数量）和延迟（系统对单个任务的平均响应时间)。这两个指标之间又存在着一些联系：对于指定的系统来说，系统的吞吐量越大，处理的请求越多，服务器就越繁忙，响应速度越慢；而系统延迟越短，能够承载的吞吐量越大。一方面，我们需要提高系统的吞吐量，以便服务更多用户；另一方面，我们需要将延迟控制在合理的范围内，以保证服务质量。

通常衡量一个 Web 系统的吞吐率的指标是每秒处理请求数（Query Per Second，QPS），该指标对解决每秒数万次的高并发场景非常关键。在高并发的实际场景下，机器都处于高负载状态，此时平均响应时间大大增加。就 Web 服务器而言，Web 服务打开了越多的连接进程，CPU 需要处理的上下文切换工作越多，额外增加了 CPU 的消耗，直接导致平均响应时间增加。在高并发的状态下，存储的响应时间至关重要。

虽然网络带宽也是一个因素，但当请求数据包较小时，一般很少成为请求的瓶颈。当系统请求的资源容量较大、数量较多时，也可能因达到单服务器网络接口传输速率上限而导致阻塞。如对于千兆网络带宽，当 QPS 达到 100 左右时，网络出口占用为 120M/s，这是千兆网卡的满载速率，这就导致了网络成为主要的瓶颈。通过查看网络 I/O 传输表，可以发现 eth0-write 的速率达到 120 千 KB（注意这里的单位是“千”)，也就是 120M。这种方式就是请求已接近单机的性能瓶颈而造成的数据传输瓶颈。

网络带宽是指端到端的可用带宽，不能简单地认为其是服务器出口的带宽数值。另外，网络带宽是分两个方向分别来看的，目前大部分骨干以下的链路，上、下行两个方向可用带宽明显不对称，一般是下行大于上行；而在骨干以上及出口链路上，两个方向数据链路的可用带宽比较接近。因此，区别不同方向的链路带宽是必要的。如何得到不同方向的链路在不同时段还有多少剩余的带宽可供使用、是否拥塞、链路带宽是否可以满足当前业务和将来新业务的开展的基本需要呢？

当广域网中数据包经过路由器或交换机的机会增加时，这些路由器或交换机对数据包的转发会形成微小的延迟，多次微小延迟就会积累起来。另外，在广域网上 TCP/IP 协议的效率极低，比如，分支机构的用户打开存储在总部服务器上一个演示文稿时，需要在客户端与服务器之间进行多次重复的“握手机制”，即使在高速的广域网链路上，TCP 协议的表现也不能令人满意。因为通过三个重复的 ACK 来判断分组丢失的情况要比超时对网络的影响大，因此 TCP 连接将大多数时间花费在拥塞避免算法上。此外，机械硬盘的单位时间内磁盘读写数据也可能造成数据传输瓶颈。

无限增加带宽不如合理分析网络中的应用，部署智能的服务保障体系。我们需要提高对网络流量的监控能力，实现网络流量协议的划分，如Web浏览（HTTP）、电子邮件（POP3、SMTP、Web Mail）、文件下载（FTP）、即时聊天（MSN、QQ）、流媒体（MMS、RTSP）等。针对不同的网络应用协议进行流量监控和分析，如果某个协议在一个时间段内出现超常占用可用带宽的情况，就有可能是出现攻击流量或蠕虫病毒。再者，针对现有广域网应用，部署 QoS 也可以起到加速的作用。因为 QoS 强调网络的充分可控性，即需要对网络资源和用户行为进行严格的约束和控制。到目前为止，在 IP 网络上实现 QoS 已经有若干可行方案，如 IntServ、DiffServ、SCORE、DPS 等。其中进入网络工程领域的是基于 MPLS 的 QoS 方案，许多企业已经充分将 VPN 与之同步部署。MPLS 是面向连接的，是 ATM 技术在 IP 网络内的扩展，通过在网络中间节点上维护一定的状态信息，保证分组在网络中流动时的可控性，是电信网络设计思想在互联网中的渗透与融合。

系统并发性能的另一个主要瓶颈是数据库处理速度。随着业务规模的增大和数据访问量增加，如果不对业务进行拆分，每个模块都使用相同的数据库来进行存储，不同的业务访问相同的数据库，势必会造成数据库的写压力增大。单纯地增加 Cache 层（如 Memcached）只能缓解数据库的读取压力，并不能从本质上解决这个问题，读和写集中在一个数据库上让数据库不堪重负。可使用主从复制技术（Master-Slave 模式）来使读写分离，以提高读写性能和读库的可扩展性。读写分离就是只在主服务器上写，只在从服务器上读，基本原理是让主数据库处理事务性查询，而从数据库处理 select 查询，数据库复制被用于把事务性查询（增、删、改）导致的改变同步更新到集群中的从数据库中。当然，数据库本身结构的设计优化（分表、分记录，目的在于保证每个表的记录数在可定的范围内）、SQL 语句的优化也是要重点处理问题。数据库集群处理可有效地处理并发查询、处理并发数据变化和提升系统性能。

无论如何，需要先找出瓶颈所在位置，是 CPU 负荷太高（经常 100%）、内存不够用（大量使用虚拟内存），还是磁盘 I/O 性能跟不上，以上都是可以通过升级硬件来解决或者改善的（使用更高等级的 CPU、更快速和更大容量的内存，配置硬件磁盘阵列并使用更多高速 SCSI 硬盘），但需要较大的经济投入。软件方面，如果使用了更大容量的内存并改善了 I/O 性能，就能够大幅提高数据库的运行效率，还可以配置查询缓存及进一步优化数据库结构和查询语句，让数据库的性能进一步提高。

## 1.3 知名互联网公司网站架构图

对于海量数据处理和搜索引擎的诸多技术，系统架构图背后所隐藏的设计思想是构建高性能 Web 系统的指南。以下是在互联网上搜集的 WikiPedia、Facebook、Yahoo! Mail、Twitter、Google App Engine、Amazon、优酷网等各大型网站的技术架构。通过分析这些知名互联网公司的网站架构图，寻求高性能 Web 系统设计的思路[1]。

### 1.3.1 WikiPedia 技术架构

在 WikiPedia 的官网系统中，其峰值请求为 30000QPS，每秒近 3Gbit 流量，约为 375MB。系统中存在一个 GeoDNS，该服务器通过解析用户的 IP 地址，把用户分配到最近（网络距离，最小跳数）的服务器。GeoDNS 在 WikiPedia 架构中的作用是由 WikiPedia 的内容性质决定的——面向各个国家、各个地域。WikiPedia 技术架构如图 1-3 所示，WikiPedia 负载均衡系统如图 1-4 所示。

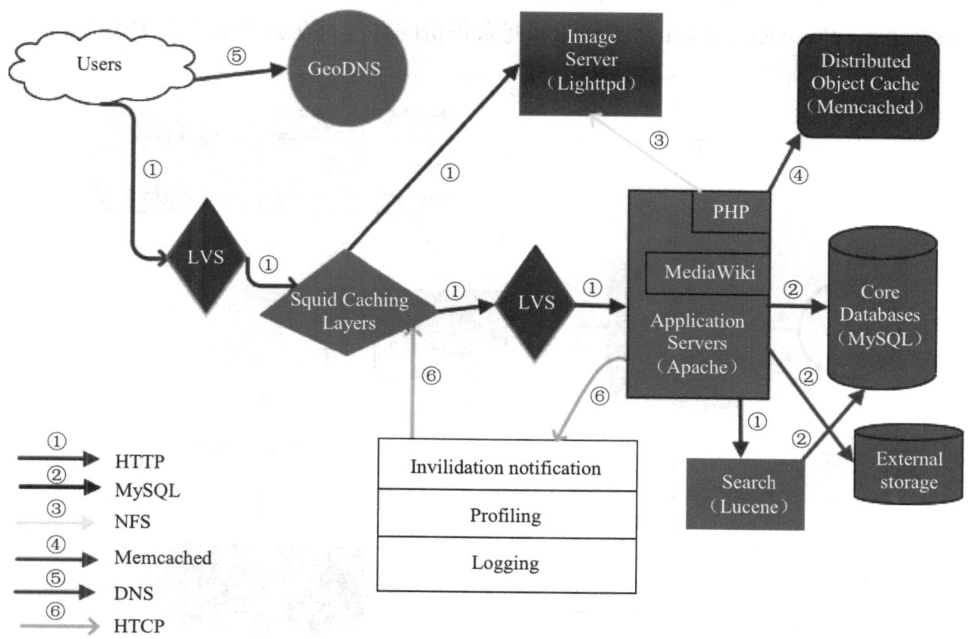


图 1-3 WikiPedia 技术架构

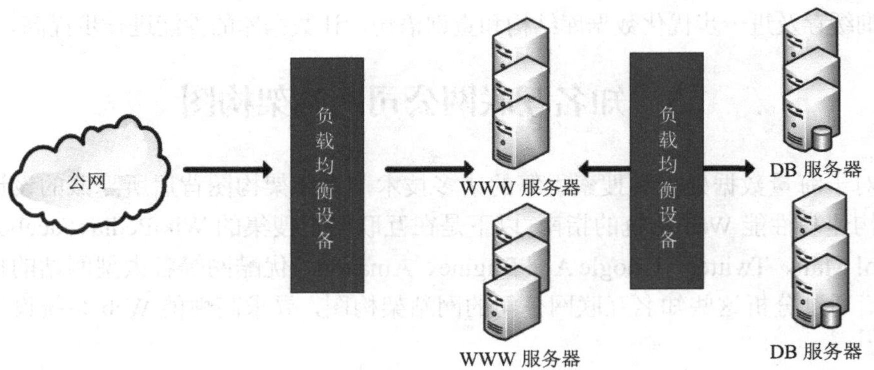


图 1-4 WikiPedia 负载均衡系统

### 1.3.2 Facebook 技术架构

Facebook 作为全球领先的社交网络，其高性能集群系统承担了处理海量数据的任务，其架构一直为业界众人所关注。Facebook 的页面采用 PHP 开发，其架构如图 1-5 所示。Web tier、Chatlogger、Presence、Channel 都是由多个服务器组成的集群。Channel 服务器根据 User ID 做分区，每个分区有一个高可用的 Channel 集群服务。Web tier、Chatlogger、Presence 具体如何做分布和冗余备份的并没有在公开的文章中提到。

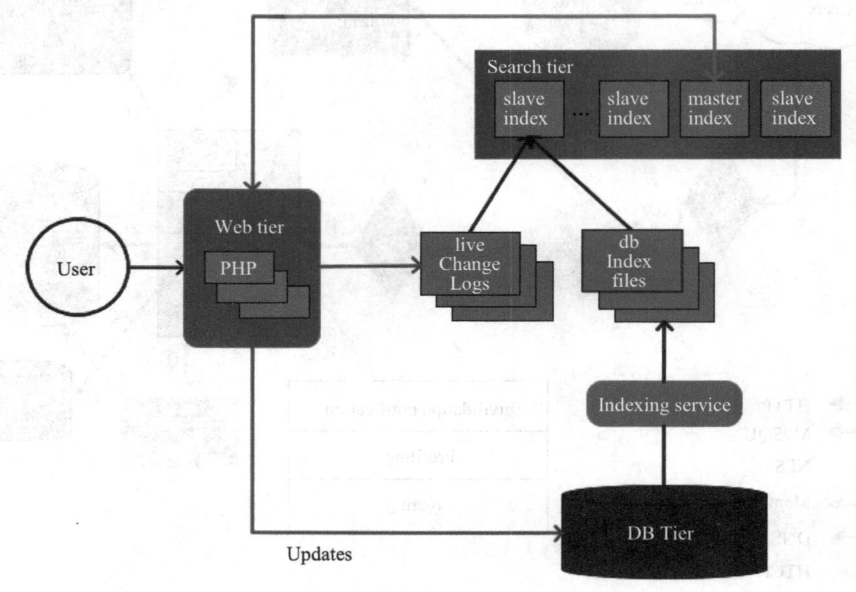


图 1-5 FackBook 架构

### 1.3.3 Yahoo! Mail 技术架构

Yahoo! Mail 架构中采用了 Oracle 数据库来存储与 Mail 服务相关的 Meta 数据。Hadoop 的 70%的用户贡献来自 Yahoo 公司，Hadoop 一直是 Yahoo 公司云计算平台的核心，除了支持批处理的 Hadoop 之外，Yahoo 在其框架中还集成了 Spark 和 Storm 等计算框架。Yahoo 公司针对实时数据类型（即流数据）的计算分析框架，在流数据不断变化、运动的过程中实时对其进行分析，捕捉到可能对用户有用的信息，并把结果迅速发送出去。Yahoo! Mail 技术架构如图 1-6 所示。

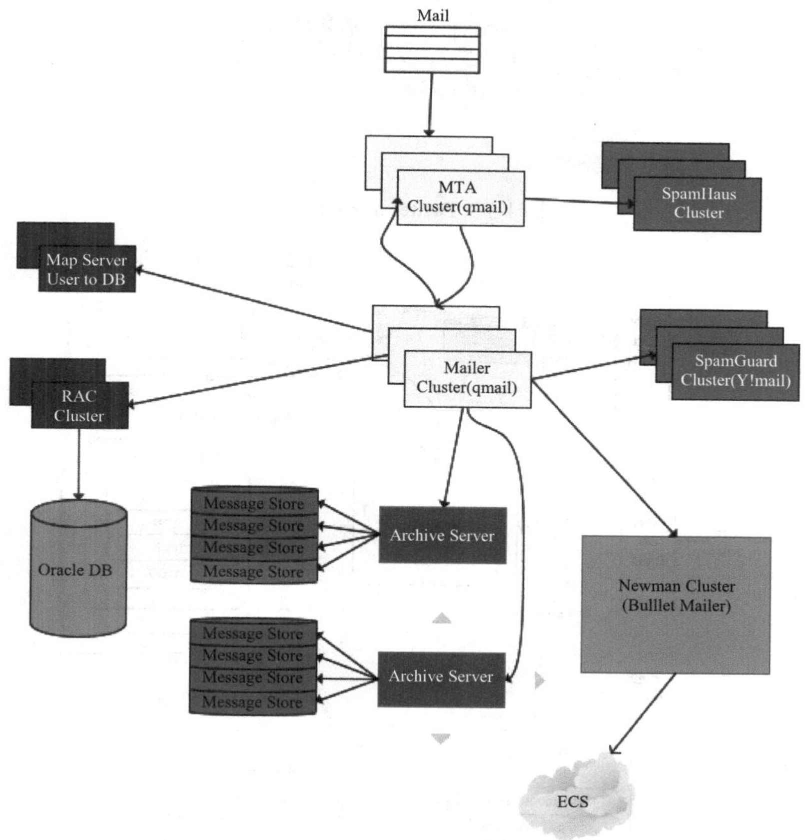


图 1-6 Yahoo! Mail 技术架构

### 1.3.4 Twitter 技术架构

Twitter 平台大致由网站、手机应用及第三方应用构成，在大型 Web 应用中，缓存起很重要的作用。越靠近CPU，数据的存取速度越快。Twitter的整体架构如图1-7所示，Twitter的缓存架构如图1-8所示。

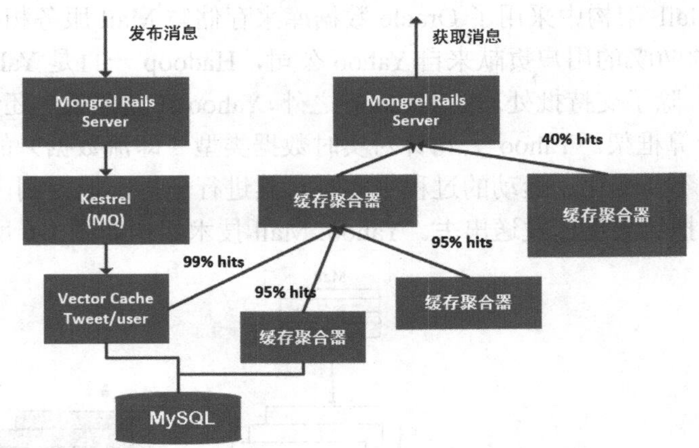


图1-7 Twitter的整体架构

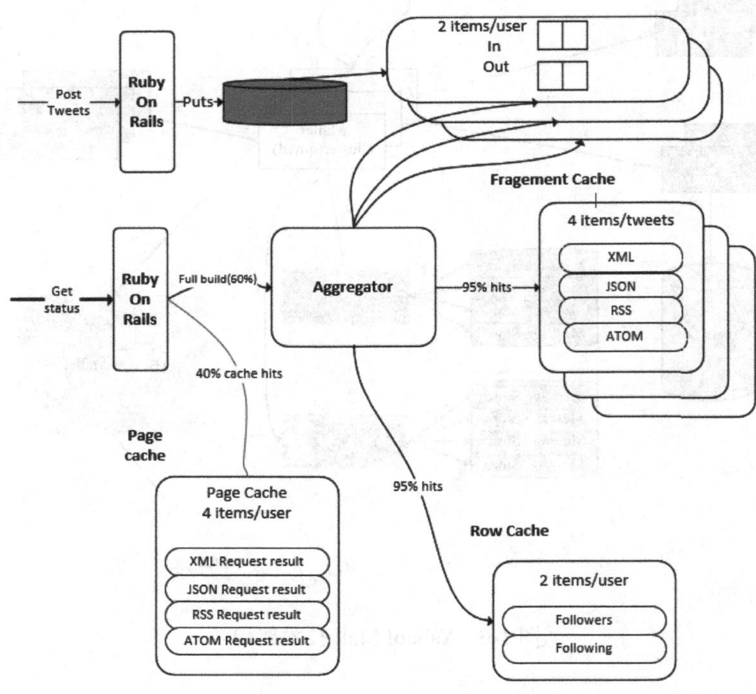


图1-8 Twitter的缓存架构

Twitter缓存系统的架构如图1-9所示。

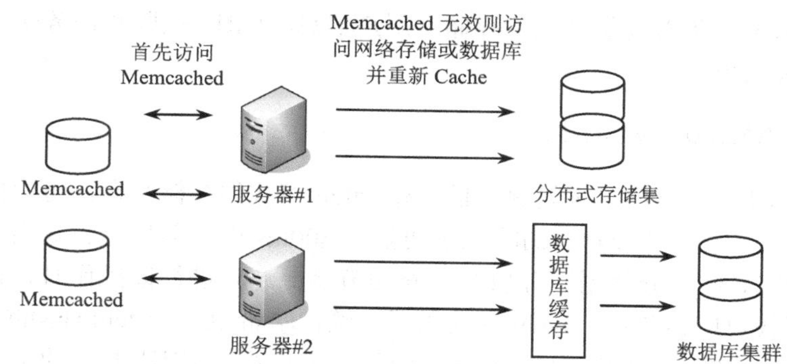


图 1-9 Twitter 缓存系统的架构

### 1.3.5 Google App Engine 技术架构

Google App Engine 的架构分为三个部分：前端、数据存储和服务器集群，如图 1-10 所示。

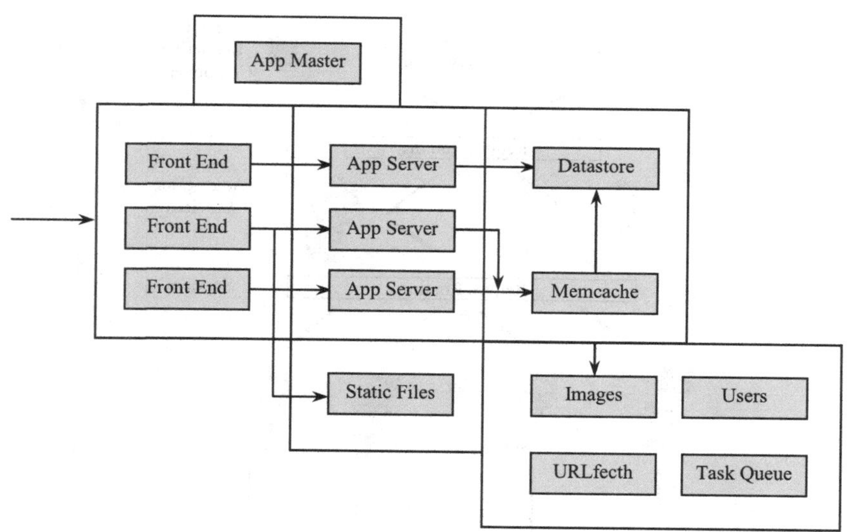


图 1-10 Google App Engine 技术架构

（1）前端包括 4 个模块：Front End、Static Files、App Server、App Master。

（2）Datastore 是一个基于 BigTable 技术的分布式数据库，虽然其也可以被理解为一个服务，但是由于其是整个 App Engine 中唯一存储持久化数据的地方，所以是 App Engine 中的一个非常核心的模块。

（3）服务器集群提供了图片存储、用户信息、URL 抓取和任务队列等服务供 App Server 调用。

### 1.3.6 Amazon 技术架构

Dynamo 是 Amazon（亚马逊）的 key-value 模式的存储平台，可用性和扩展性都很好，读写访问中 99.9%的响应时间都在 300ms 内。其按分布式系统常用的哈希（hash）算法切分数据，分放在不同的节点上。当进行读操作时，根据 key 的哈希值寻找对应的节点。Dynamo 使用了一致性哈希（Consistent Hashing）算法，node 对应的不再是一个确定的哈希值，而是一个哈希值范围，key 的哈希值落在这个范围内，则顺时针沿 ring 找，碰到的第一个 node 即为所需。

Dynamo 对 Consistent Hashing 算法的改进在于：它放在环上作为一个 node 的是一组机器，而不像 Memcached 把一台机器作为 node，该组机器通过同步机制保证数据一致。Dynamo key-value 技术架构如图 1-11 所示。

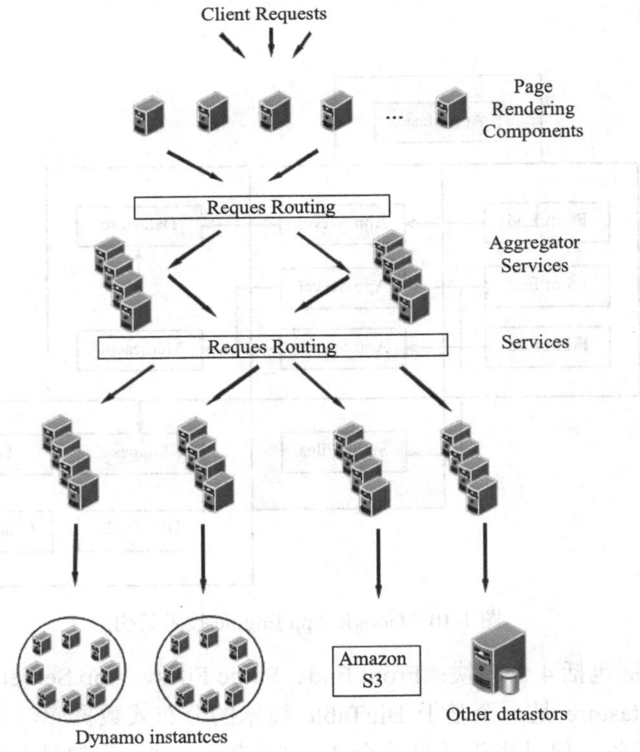


图 1-11　Dynamo key-value 技术架构

分布式存储系统的架构如图 1-12 所示。

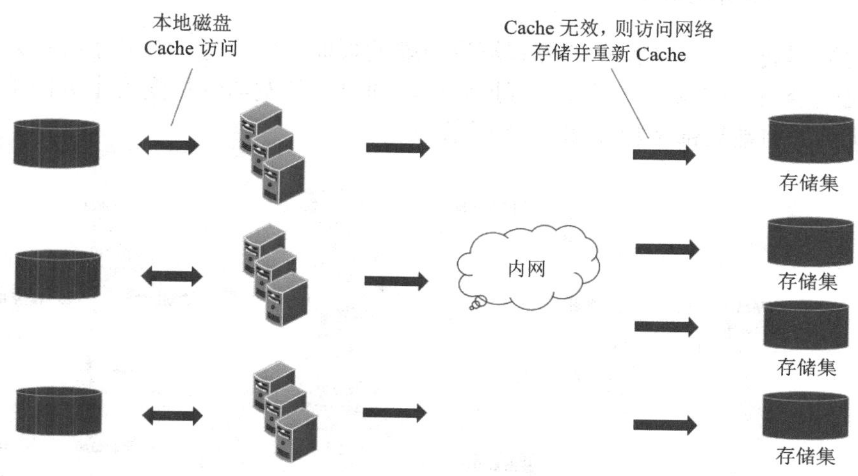


图 1-12 分布式存储系统的架构

Amazon 的云架构如图 1-13 所示。

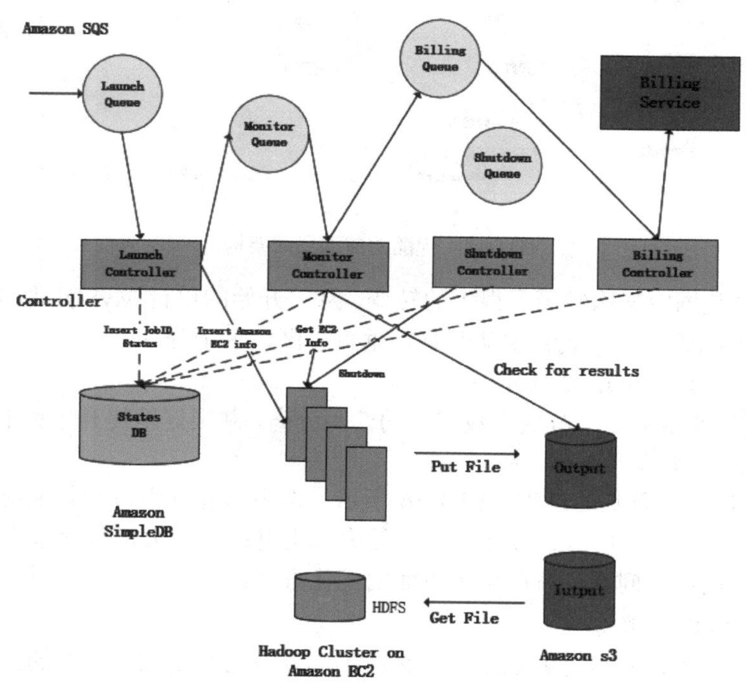


图 1-13 Amazon 的云架构

### 1.3.7 优酷网技术架构

优酷网通过自建 CMS 的方式解决前端的页面显示问题，其各个模块之间分离得比较恰当，前端具有很好的可扩展性，同时让开发与维护变得十分简单和灵活。优酷的前端局部架构如图 1-14 所示。

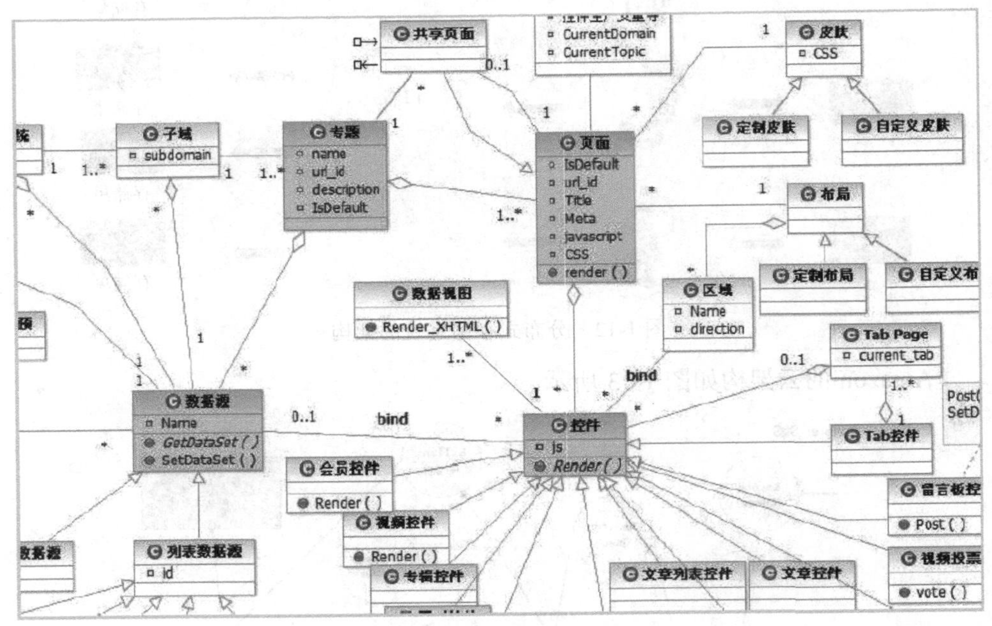


图 1-14 优酷的前端局部架构

优酷的数据库架构经历了很大的转变，从一开始的单台 MySQL 服务器（Just Running）到简单的 MySQL 主从复制、垂直分区、水平分片。

1. 简单的 MySQL 主从复制

MySQL 的主从复制解决了数据库的读写分离，并很好地提升了读的性能，其原图如图 1-15 所示。

MySQL 主从复制的过程如图 1-16 所示。但主从复制也带来其他问题：写入无法扩展；写入无法缓存；复制延时；锁表率上升；表变大，缓存率下降。

为了解决以上问题，就产生了下面的优化方案。

2. MySQL 垂直分区

如果把业务切割得足够独立，那么将不同业务的数据放到不同的数据库服务器是一个不错的方案，而且一个业务崩溃不会影响其他业务的正常进行，同时起到了负载分流的作用，大大提升了数据库的吞吐能力。垂直分区后的数据库架构如图 1-17 所示。

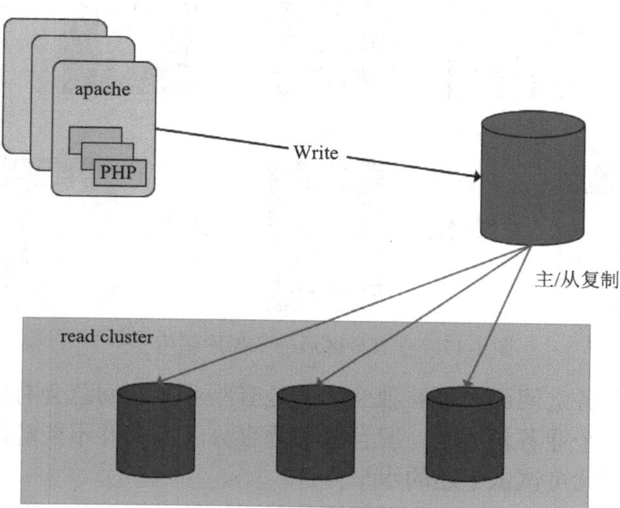


图 1-15　MySQL 主从复制原图

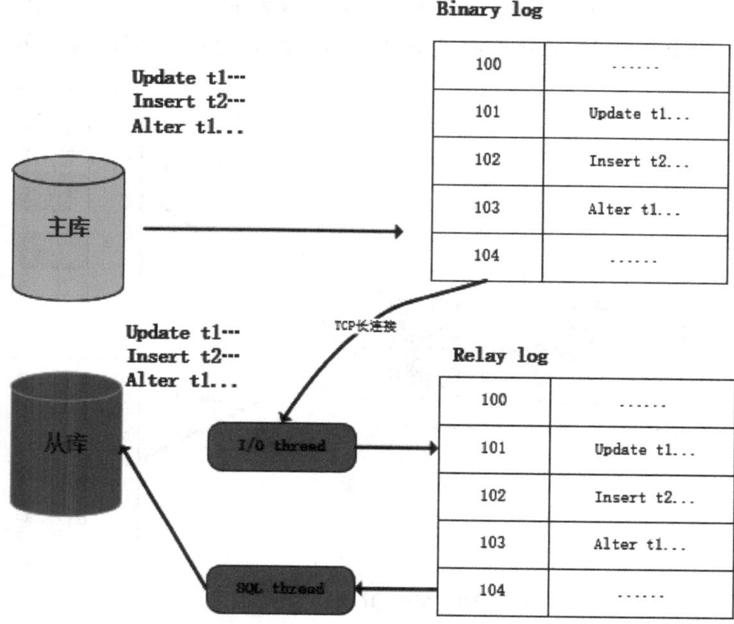


图 1-16　MySQL 主从复制

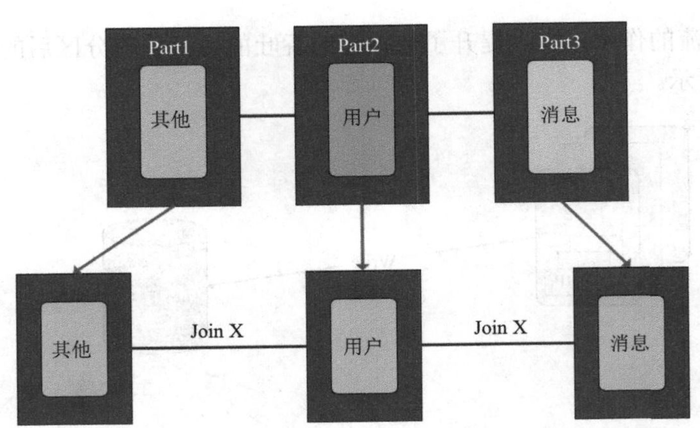


图 1-17 垂直分区后的数据库架构

然而，尽管业务之间已经足够独立，但是有些业务之间总会有些联系。如，用户基本上会与每个业务相关联，况且这种垂直分区方式并不能解决单张表数据量暴涨的问题，因此可试试下述的水平分片。

3. MySQL 水平分片（sharding）

按一定规则（ID 哈希）对用户进行分组，并把该组用户的数据存储到一个数据库分片中，即一个 sharding，这样随着用户数量的增加，只要简单地配置一台服务器即可，MySQL 水平分片原理如图 1-18 所示（按 User ID 分片）。

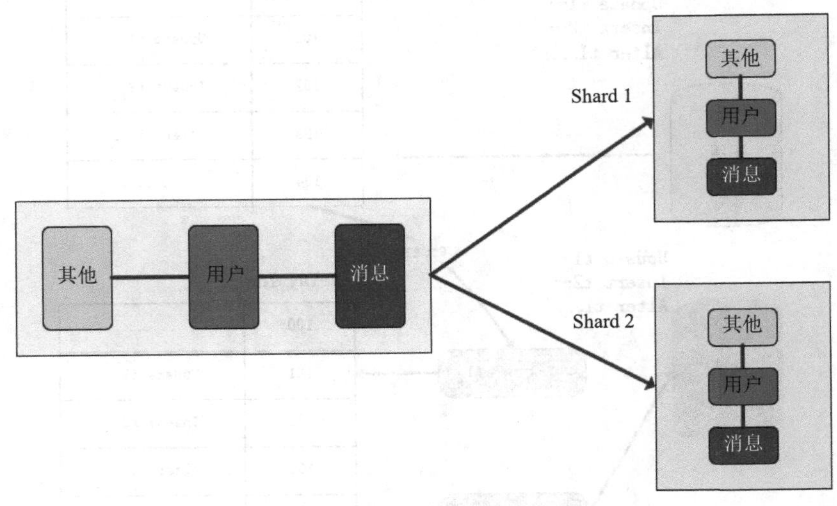


图 1-18 MySQL 水平分片原理

可以建一张用户与 shard 对应的数据表来确定某个用户所在的 shard，每次请求先从这张表找用户的 shard ID，再从对应的 shard 中查询相关数据，如图 1-19 所示。

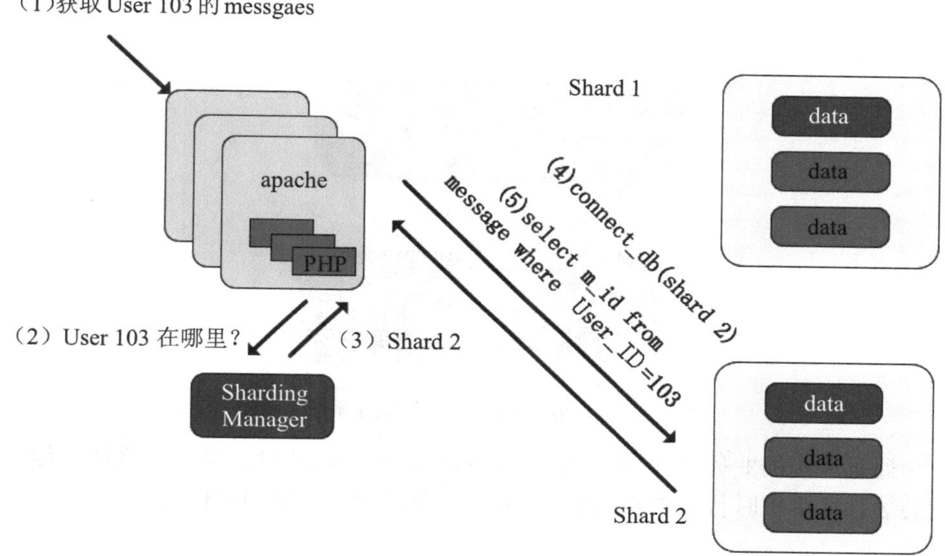


图 1-19 用户与 shard 对应的数据表

大型系统都使用缓存，从 http 缓存到 Memcached 内存数据缓存，优酷不使用内存缓存，理由如下：避免内存复制和内存锁；要下架的视频在缓存里就会比较麻烦，而且 Squid（反向代理缓存）的 write()用户进程空间有消耗，Lighttpd 1.5 的 AIO（异步 I/O）读取文件到用户内存会导致效率低下。

优酷建立的比较完善的内容分发网络（CDN），通过多种方式保证分布在全国各地的用户进行就近访问——用户单击视频请求后，优酷网将根据用户所处位置，将离用户最近、服务状况最好的视频服务器地址传送给用户，从而保证用户可以得到快速的视频体验。这就是 CDN 的优势。

## 1.4 大型网站架构体系的演变

互联网上有很多关于网站架构的技术分享，其中有些主要是从运营维护和基础架构的角度去分析的（堆机器、做集群），太过于关注技术细节实现，普通的开发人员基本看不懂[2]。

本书将主要介绍大型网站基础架构的扩展，重点从应用程序的角度介绍网站架构的扩展和演变。互联网 Web 网站开发早期，为了满足系统快速开发并上线的要求，一般的系统设计与开发没有那么复杂。当然，通常只是先试探市场，当时没有形成用户规模，经济能力和投入也非常有限。初期开发的 Web 系统如图 1-20 所示。

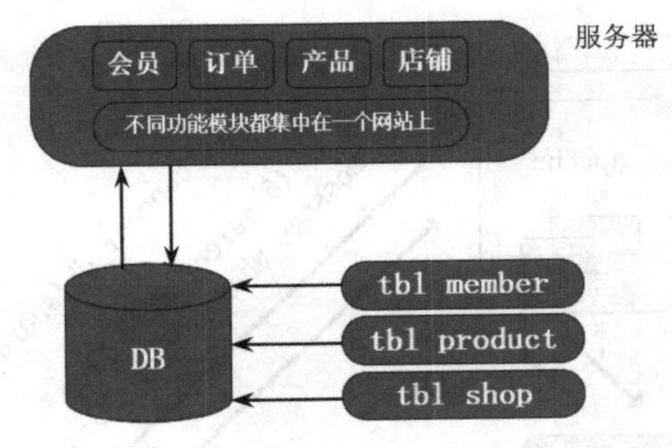


图 1-20　初期开发的 Web 系统

拥有一定的业务量和用户规模后，若想提升网站速度，可以为系统增加一定量的缓存。单机时代（RDBMS+Cache）的 Web 系统如图 1-21 所示。

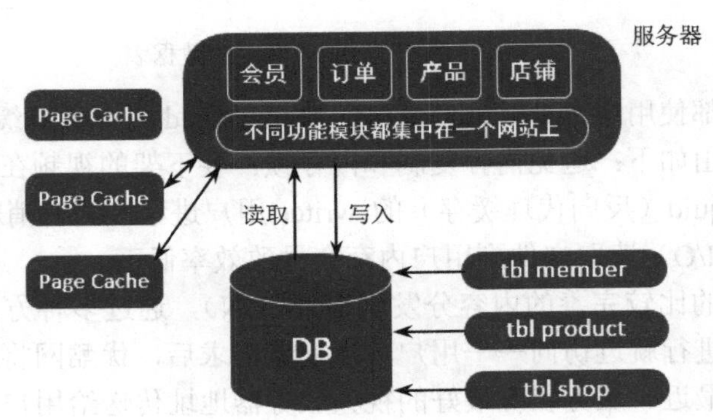


图 1-21　单机时代（RDBMS+Cache）的 Web 系统

由于市场反响良好，用户量每天增长，数据库被"疯狂"读写，当一台服务器无法支撑系统业务时，一般都会尝试做"读写分离"，可采用 DB 和 App 做业务分离的方法。

由于大部分互联网具有"读多写少"的特性，因此采用单台 Master 和多台 Slave 的方式，Slave 的数量取决于按业务评估的读写比例。图 1-22 所示为数据库与应用服务器分离，图 1-23 所示为数据库出现瓶颈而采取读写分离。

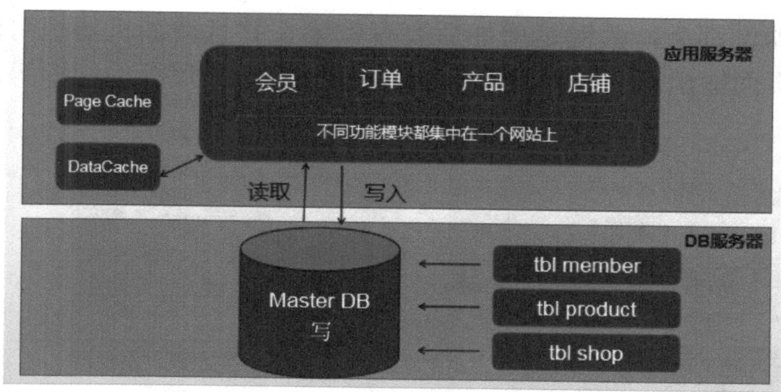


图 1-22　数据库与应用服务器分离

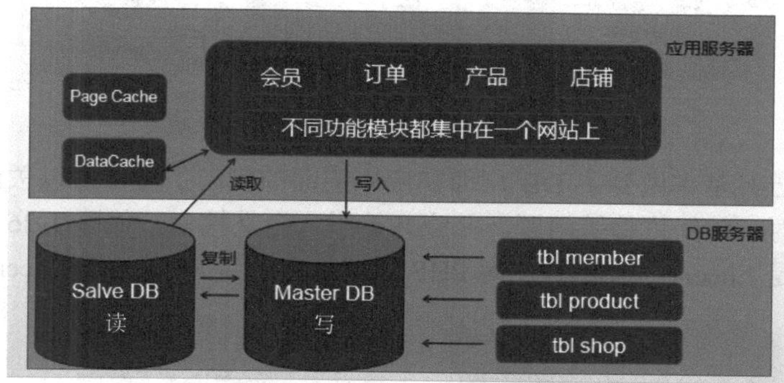


图 1-23　数据库出现瓶颈而采取的读写分离

数据库层面的问题解决了，但是应用程序层面出现了瓶颈：由于访问量增大，加上早期程序员水平有限，写代码的水平一般，人员流动性也大，很难去对系统进行维护和优化，所以常用的方法还是“堆机器”，如图 1-24 所示。

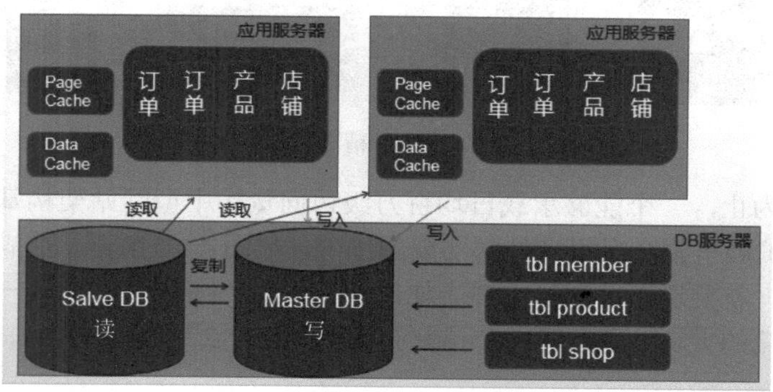


图 1-24　应用出现瓶颈，负载均衡集群

增加机器谁都会，关键是增加后要有效果，并且增加机器也可能会引发一些问题，如页面输出缓存和本地缓存的问题、Session 保存的问题等，如图 1-25 所示。

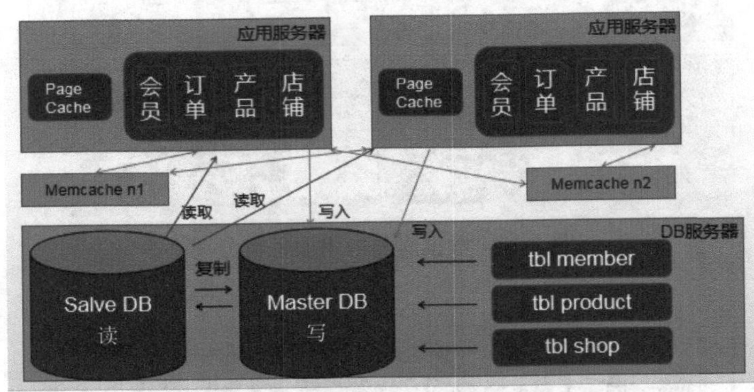


图 1-25 分布式缓存，Session 集中存储

至此，已经基本做到了 DB 层面和应用层面的横向扩展，可以关注站内搜索的精准度、对 DB 的依赖等问题，并应开始引入全文检索，如图 1-26 所示。Java 领域常用的是 Lucene、Solr 等，而 PHP 领域常用的是 Sphinx/Coreseek。

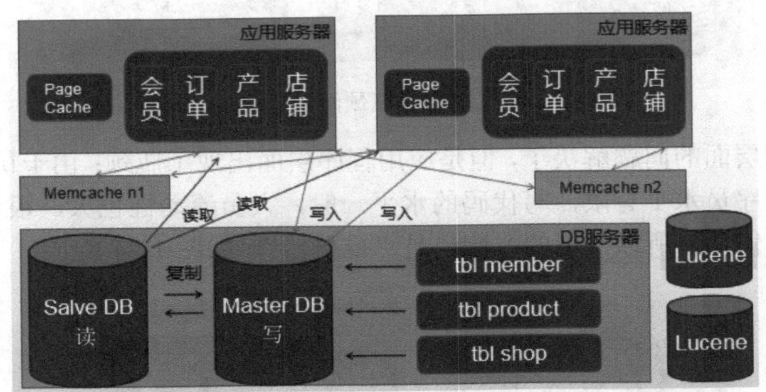


图 1-26 全文检索（精准、缓解 DB）

到目前为止，一个能够承载日均百万级访问量的中型网站架构基本完成。当然，每一步扩展里都会有很多技术实现的细节，如图 1-27 所示。在满足了基本的性能需求后，就要逐渐关注可用性。如何保证真正“高可用”也是一个难题。

几乎主流的大、中型互联网公司都会用到与图 1-27 类似的架构，只是节点数不同而已。

动静分离方法也较常用，可以有开发人员配合（把静态资源存放在独立站点下），也可以没有开发人员配合（利用 7 层反向代理来处理，根据后缀名等信息来判断资源类型）。拥有单独的静态文件服务器之后，存储也是一个问题，也需要扩展。多台服务器的文件如何保持一致？买不起共享存储怎么办？这时，分布式文件系统便派上用场了，分布式文件系统架构如图 1-28 所示。

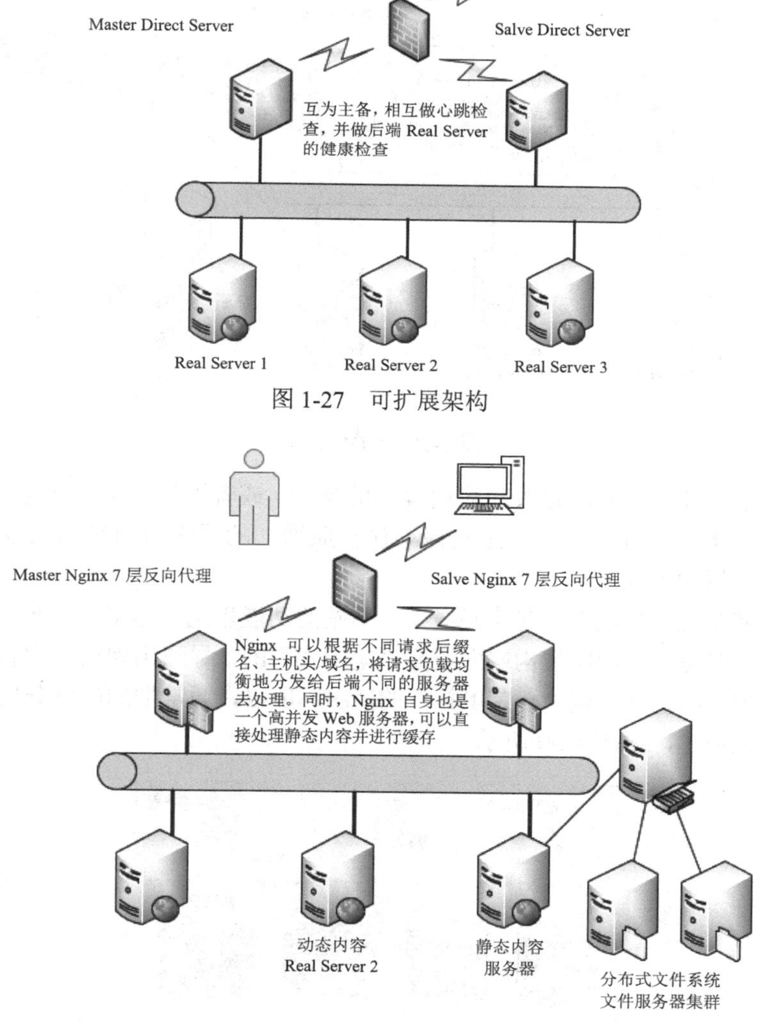


图 1-27　可扩展架构



图 1-28　分布式文件系统架构

目前国内外常用的技术还有CDN加速。目前该领域竞争激烈，价格也已经比较便宜了。国内南北互联网问题比较严重，使用CDN可以有效解决这个问题。

CDN的基本原理并不复杂，可以理解为智能DNS+Squid（反向代理缓存），然后需要有很多机房节点提供访问。CDN架构如图1-29所示。

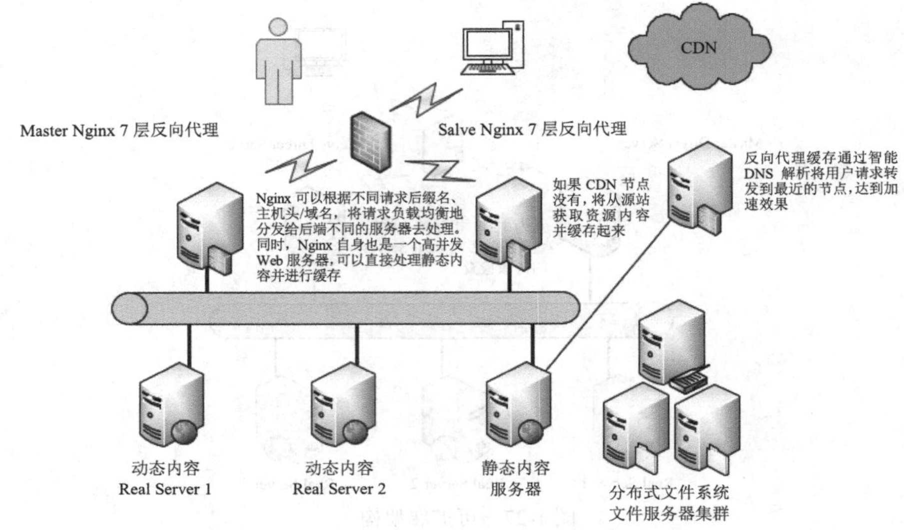


图1-29　CDN架构

到目前为止，基本没有改动应用程序的架构，或者说没有大面积地修改代码。

如果以上方法都用了，还是支撑不住日益增加的网络访问量怎么办？不停地增加机器也解决不了实际问题。

随着网络上处理的业务越来越复杂，网站的功能也越来越多，虽然部署层面可采用集群，但是应用程序架构层面还是“集中式”的，导致出现很多耦合，不便于开发和维护，而且易出现“一荣俱损”的情况。所以，通常把网站拆分出不同的子站点来单独宿主，如图1-30所示。

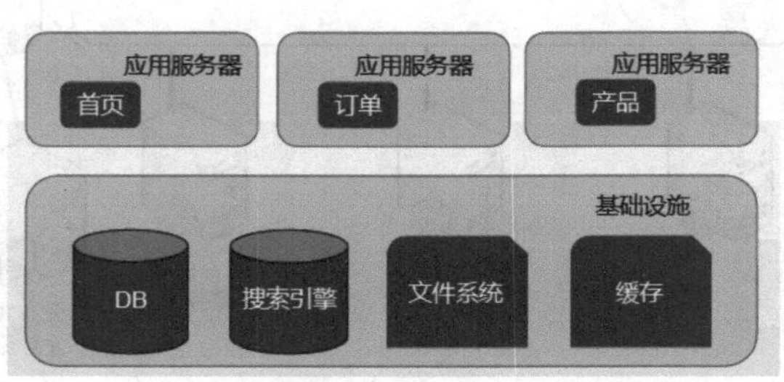


图1-30　应用拆分（分压，解耦）

应用都进行了拆分，由于单个数据库的连接，QPS、TPS、I/O 处理能力都非常有限，DB 层面也可以按业务进行垂直分区，如图 1-31 所示。

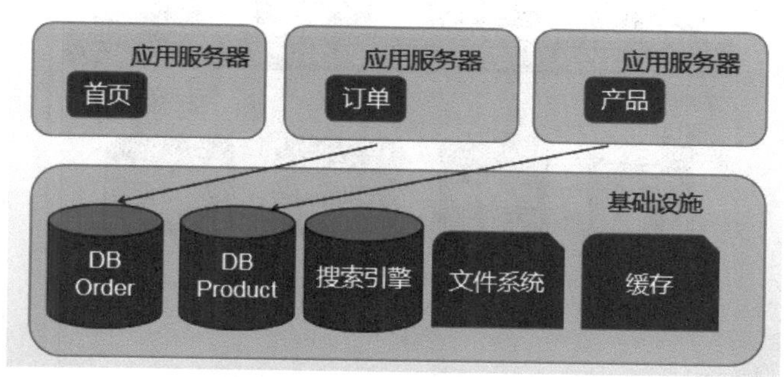


图 1-31　按业务进行垂直分区（解耦，分压）

拆分应用和 DB 之后，其实还会有很多问题。不同的站点中可能会有相同逻辑和功能的代码。当然，对于一些基础的功能，我们可以封装 DLL 或者 Jar 包来提供引用，但是这种强依赖很容易造成版本问题等，处理依赖关系也非常麻烦，此时便用到了面向服务的结构（Service Oriented Architecture，SOA），如图 1-32 所示。

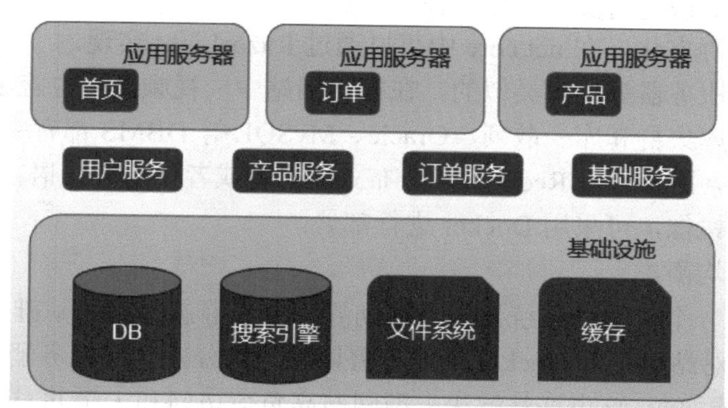


图 1-32　服务化（解耦，去重复）

应用与服务之间还是会出现一些依赖问题，此时，高吞吐量的解耦利器出现了，如图 1-33 所示。

最后介绍一个大型互联网公司都使用的技术——分库分表。根据作者经验，不是业务发展和各方面需求非常迫切，不要轻易用分库分表。

分库分表谁都会用，关键是拆完之后怎么办。目前，市面上还没有完全开源的方案能让你一劳永逸地解决数据库拆分问题。

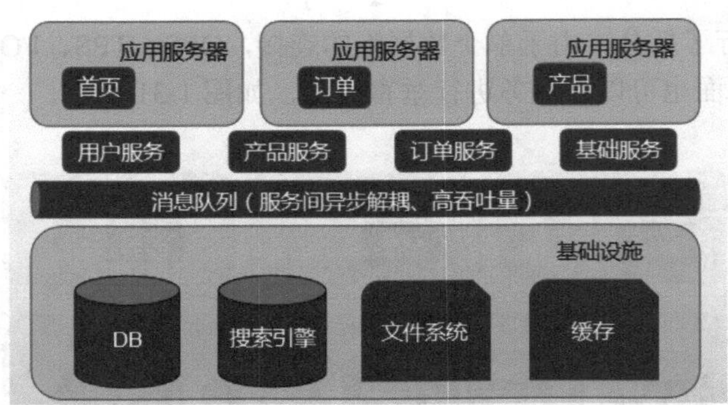


图 1-33 消息队列（解耦，吞吐量）

## 1.5 一种支持超大规模高并发的高性能 Web 项目架构设计

大型网站在面对大量用户访问、高并发请求方面，基本的解决方案集中在使用高性能的服务器、高性能的数据库、高效率的编程语言、高性能的 Web 容器等环节。但是除了这几个环节，解决大型网站面临的高负载和高并发问题还面临着另一个难题：大型网站的架构设计问题。在讨论大型高并发高负载网站的系统架构问题时，我们假定需要掌握以下技术要点。

- html 静态化，在.net core 中可以通过 RazorLight 实现。
- 图片服务器分离（类似的，在视频网站中，视频文件也应独立出来）。
- 数据库集群和库表散列，Oracle、MySQL 等 DBMS 都有完美的支持。
- 缓存，比如使用 Redis 实现分布式缓存，或者使用开发语言的缓存模块。
- 网站镜像，可采用 Docker 进行部署。
- 负载均衡。

通过设计一个科学的系统架构，在动静分离和静态缓存的基础上，采用数据库集群技术，对站点进行 Docker 镜像部署以将计算分散在各服务器上，同时使用 Nginx进行负载均衡，这也许是解决大型网站高负荷访问和大量并发请求的终极解决方法。下面针对上面提供的解决思路做简单的探讨。

1. html 静态化

其实大家都知道，效率最高、消耗最少的就是纯静态化的 html 页面，所以我们尽可能使网站上的页面采用静态页面来实现，这是最简单的也是最有效的方法。但是对于有大量内容且频繁更新的网站，我们无法全部手动实现，于是出现了我们常见的信息发布系统——内容管理系统（Content Management System，CMS），如我们常访问的各个门户网站的新闻频道，甚至其他频道，都是通过信息发布系统来管理和实现的。信息发布系统可以实现用最简单的信息录入自动生成静态页面，还具备频道管理、权限管理、自动抓取等功能。对于一个大型网站来说，拥有一套高效、可管理的 CMS 是必不可少的。除了门户和信息发布类型的网站，对于交互性要求很高的社区类型网站来说，尽可能的静态化也是提高性能的必要手段，对社区内的帖子、文章进行实时的静态化，有更新时再重新静态化也是常用的策略，如猫扑的“大杂烩”就是使用了这种策略，网易社区等也是如此。目前很多博客也都实现了静态化。html 静态化也是某些缓存策略使用的手段，对于系统中频繁使用数据库查询但内容更新很少的应用，可以考虑使用 html 静态化来实现，比如论坛中论坛的公用设置信息，目前的主流论坛都可以对这些信息进行后台管理并存储在数据库中，大多信息被前台程序调用，但是更新频率很低，可以考虑在对这部分内容进行后台更新时进行静态化，这样避免了大量的数据库访问请求。在进行 html 静态化时可以使用一种折中的方法，就是前端使用动态实现，在一定策略下进行定时静态化和定时判断调用能实现很多灵活性的操作，通过设定一些 html 静态化的时间间隔来缓存动态网站内容，将大部分压力分担到静态页面上，这种方法可以应用于中小型网站的架构上。

2. 图片服务器分离

对于 Web 服务器来说，图片是最消耗资源的，因此有必要将图片与页面分离，大型网站基本上都会采用这种策略，它们有多台独立的图片服务器。这种架构可以降低提供页面访问请求的服务器的系统压力，并且可以保证系统不会因为图片问题而崩溃。另外，在处理静态页面或者图片、js 等访问方面，可以考虑使用 Kestrel，它具有更轻量级和更高效的处理能力。

3. 数据库集群和库表散列

大型网站都有复杂的应用，这些应用必须使用数据库，所以在面对大量的访问时，数据库的瓶颈很快就显现出来，此时一个数据库无法满足应用，于是需要使用数据库集群或者库表散列。

在数据库集群方面，很多数据库都有自己的解决方案，如 Oracle、Sybase 等。常用的 MySQL 提供的 Master/Slave 也是类似的方案，使用什么 DB，就参考相应的解决方案来实施即可。

由于上面提到的数据库集群在架构、成本、扩张性方面都会受到所采用的 DB 类型的限制，于是需要从应用程序的角度来改善系统架构，库表散列是常用且最有效的解决方案。在应用程序中安装业务和应用（或者功能模块）对数据库进行分离，不同的模块对应不同的数据库或者表，再按照一定的策略对某个页面或者功能进行更小的数据库散列处理，比如用户表按照用户 ID 进行表散列，就能低成本地提升系统的性能，并且有很好的扩展性。SOHU 的论坛就是采用了这种架构，将论坛的用户、设置、帖子等信息进行数据库分离，然后对帖子、用户按照板块和ID进行散列数据库和表的处理，最终在配置文件中进行简单的配置便能让系统随时增加一个低成本的数据库以补充系统性能。

4. 缓存

缓存应用很广，网站架构和网站开发中的缓存也是非常重要的，可分为架构方面的缓存和网站程序开发方面的缓存。架构方面的缓存，.NET Core通过对Redis进行封装实现分布式缓存，为了统一和易用，封装时，Redis缓存需要实现ICacheService接口，微软也有很多是通过IDistributedCache提供我们使用。关于网站程序开发方面的缓存，Web编程语言都提供Memcache访问接口，如，PHP、Perl、C和Java等，可以在Web开发中使用，可以实时或者通过Cron把数据、对象等内容进行缓存，策略非常灵活。一些大型社区便使用了这种架构。另外，在使用Web语言开发时，各种语言基本都有自己的缓存模块和方法，PHP有Pear的Cache模块、eAccelerator加速模块和Cache模块。在.NET Core中可采用微软提供的MemoryCache作为缓存方案。

5. 镜像

镜像是大型网站常采用的提高性能和数据安全性的方式。镜像技术可以解决不同网络接入商和地域带来的用户访问速度差异。为了解决大规模访问时单节点计算能力的问题，可以对网站中的Web站点进行多站点部署，并通过下面的负载均衡技术进行分配请求。网站中的Web站点被部署到单个Docker站点中，以最大限度地发挥硬件的计算能力。

6. 负载均衡

使用集群是网站解决高并发、海量数据问题的常用手段。当一台服务器的处理能力、存储空间不足时，不要企图更换更强大的服务器。对大型网站而言，无论是多么强大的服务器，都满足不了网站持续增长的业务需求。这种情况下，通过负载均衡技术将请求分配到不同的站点上并行执行，是大型网站解决高负荷访问和大量并发请求采用的有效解决方法，具体方法是增加一台服务器以分担原有服务器的访问及存储压力。通过负载均衡调度服务器，将来自浏览器的访问请求分发到应用服务器集群中的任一台服务器上，如果有更多的用户，就在集群中加入更多的应用服务器，使应用服务器的负载压力不再成为整个网站的瓶颈。负载均衡技术已发展多年，有很多专业的服务提供商和产品可以选择，Nginx是一款轻量级的Web服务器/反向代理服务器及电子邮件（IMAP/POP3）代理服务器，并在一个BSD-like协议下发行。它由俄罗斯的程序设计师Igor Sysoev（伊戈尔·西索夫）开发，其特点是占有内存少、并发能力强，可以作为一种非常高效的http负载均衡器，将流量分配到多个应用服务器上以提高性能(可扩展性和高可用性)。

Nginx 支持以下三种负载均衡机制。

- round-robin，轮询。以轮询方式将请求分配到不同服务器上。
- least-connected，最少连接数。将下一个请求分配到连接数最少的那台服务器上。
- ip-hash，基于客户端的 IP 地址。散列函数被用于确定将下一个请求分配到哪台服务器上。

Nginx 作为负载均衡器工作在网络的 7 层之上，可以针对 http 应用（如域名、目录结构）做一些分流的工作。Nginx 凭借强大灵活的正则规则、对网络稳定性的依赖小、安装和配置比较简单的特点，成为目前流行的负载均衡器，其应用场合较广泛。Nginx 一般能支撑几万次的并发量，负载度相对较小，可以承担高负载压力且稳定。Nginx 可以通过端口检测到服务器内部的故障，比如根据服务器处理网页返回的状态码、超时信息等，并且可把返回错误的请求重新提交到另一个节点，但其不支持 url 检测。Nginx 不仅是一款优秀的负载均衡器/反向代理软件，同时是功能强大的 Web 应用服务器。但 Nginx 仅支持 HTTP、HTTPS 和 E-mail 协议，这限制了它的适用范围。Nginx 对后端服务器的健康检查也只支持通过端口检测，不支持通过 url 检测，同时不支持 Session 的直接保持。下面介绍两个与负载均衡相关的技术。

（1）硬件四层交换。第四层交换使用第三层和第四层信息包的报头信息，根据应用区间识别业务流，将整个区间段的业务流分配到合适的应用服务器进行处理。第四层的交换功能就像虚 IP，指向物理服务器。它传输的业务服从的协议多种多样，有 HTTP、FTP、NFS、Telnet 等。这些业务在物理服务器的基础上，需要复杂的载量平衡算法。在 IP 世界，业务类型由终端 TCP 或 UDP 端口地址来决定，在第四层交换的应用区间则由源端和终端 IP 地址、TCP 和 UDP 端口共同决定。在硬件四层交换产品领域，有一些知名的产品可以选择，比如 Alteon、F5 等，这些产品价格昂贵，但是物有所值，具有非常优秀的性能并能提供很灵活的管理能力。Yahoo 中国当初有接近 2000 台服务器，使用三四台 Alteon 就搞定了。

（2）软件四层交换。通过研究硬件四层交换机的原理，可基于 OSI 模型来实现软件的四层交换，虽然性能稍差，但是满足一定量的压力还是游刃有余的。有人说软件的实现方式其实更灵活，处理能力与对软件的配置有很大的关系。软件四层交换可以使用 Linux 虚拟服务器（Linux Virtual Server，LVS），它提供了基于心跳线的实时灾难应对解决方案，提高了系统的鲁棒性，同时提供灵活的虚拟 VIP 配置和管理功能，可以同时满足多种应用需求，这对分布式的系统来说必不可少。一个典型的使用负载均衡的策略是，在软件或者硬件四层交换的基础上搭建 Squid 集群，这种思路应用于很多大型网站（包括搜索引擎上），这种架构成本低、性能高，还有很强的扩张性，可以随时向架构中增减节点。

基于以上讨论，本书提出了一个简易的高性能Web架构供大家探讨，如图1-34所示。

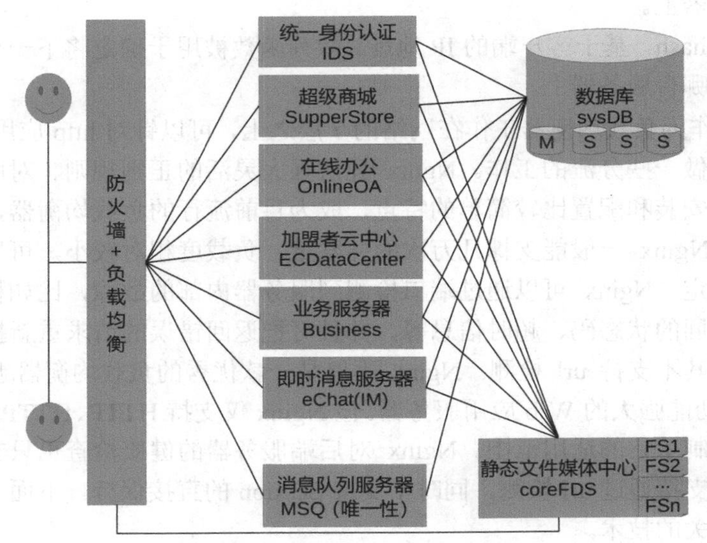


图1-34　简易的高性能Web架构

在整个系统框架内，所有应用都位于防火墙和负载均衡之后。防火墙为系统提供内部网与外部网之间隔离的第一道屏障，其作用是防止非法用户进入，它按照系统预先定义好的规则来控制数据包的进出。

负载均衡提供了一种廉价、有效、透明的方法，可扩展网络设备和服务器的带宽、增加吞吐量、增强网络数据处理能力、提高网络的灵活性和可用性。它将用户的请求分摊到位于防火墙之后的多个逻辑服务器操作单元上执行，例如位于虚拟化技术Docker内的Web服务器、FTP服务器、企业关键应用服务器和其他关键任务服务器等，从而共同完成工作任务。

IDS（Intrusion Detection System）提供了各业务服务模块整合统一身份认证的解决方案。所有应用系统共享一个身份认证系统，在框架中的各应用系统中，用户只需要登录一次IDS就可以访问所有相互信任的应用系统。IDS认证登录模块的主要功能是将用户的登录信息和用户信息库的相应信息进行比较，对用户进行登录认证；认证成功后，IDS认证登录模块生成统一的认证标志，并将其返还给用户。整个系统保证能够读取到位于shared-auth-ticket-keys目录下同一个xml文件中用于加密cookie的key，并能校验用户提供的ticket，判断其有效性。IDS除了对用户进行登录认证外，还提供用户信息、资产的统一管理。

系统中的数据库集群提供了超大规模并发访问下的高性能数据库集群方案，通过读写分离，将访问压力分散到集群中的多个节点上，减轻高并发的访问压力。并保持关系型数据库遵循的原子性、一致性、隔离性和持久性四大特性；其业务层分离的，即主服务器负责写，从服务器负责读，从而保持数据的一致性和主从库读写分离。

系统中的 CoreFDS 提供了静态文件分发服务。CoreFDS 是一个开源的轻量级分布式文件系统，负责管理文件，功能包括文件存储、文件同步、文件访问（文件上传、文件下载）等，解决了大容量存储和负载均衡的问题。特别适用于以文件为载体的在线服务，如相册网站、视频网站等。CoreFDS 为 Web 网络系统量身定制，充分考虑了冗余备份、负载均衡、线性扩容等机制，并注重高可用、高性能等指标，使用 CoreFDS 可以很容易地搭建一套高性能的文件服务器集群，提供文件上传、下载等服务。

系统中的消息队列服务器用于高并发请求下消息的串行化工作，从而保证系统异步操作下的快速响应和事务的原子性。消息队列服务器将消息队列中间件注入到.NET Core 的处理管道中，主要解决应用耦合、异步消息、流量削锋等问题，实现高性能、高可用、可伸缩和最终一致性架构，是系统中不可或缺的中间件。

系统中的 eChat 为系统提供了即时通信终端服务，提供两人或多人使用网络即时传递文字讯息、档案、语音与视频交流的服务。eChat 根据用户的业务需求，以高效、稳定和安全作为其产品开发的重点，根据系统业务需求和自身的特点，力求与业务流程结合，提供完整的即时通信服务端及管理程序，与 OnlineOA 子系统结合或成为其注册会员业务系统的一部分，可自由部署到独立的服务器上。

OnlineOA、ECDataCenter、SuperStore 和其他 Business 服务器集群共同组成了系统基础逻辑业务平台。OnlineOA 主要用于系统平台的在线办公系统，其主要职能为审核、资源发布、平台基础业务处理等；ECDataCenter 主要为系统加盟用户提供办公支持；Superstore 为注册用户、平台加盟用户和平台提供基础的商业交流。

# 第 2 章　Web 站点的设计与开发

## 2.1　系统开发的总体设计

系统的整体功能框架如图 2-1 所示。

图 2-1　系统的整体功能框架

整个系统由 1 个共享类库 ACLib、6 个基本业务系统和企业业务系统组成。ACLib 是系统的基本类库，包含整个解决方案中共享的数据库访问、统一认证基础模型、系统用转换处理工具和用户自定义类库等；IDS 是系统的统一身份认证，负责解决方案中所有业务子系统的认证安全令牌发放，其主要功能模块包括用户登录与注册、用户基础信息、用户交易信息和用户资产等；ECD 是加盟用户的数据处理中心，其主要业务模块包括用户加盟、用户业务办公、用户业务数据报表和用户数据导入导出；eChat 是一个基于 SignalR 的即时聊天系统，其主要功能为存储系统平台注册聊天用户、聊天消息推送和聊天记录数据；SuperStore 是系统的商务中心，主要功能为用户的商品交易、加盟用户的商埠中心、产品智能推送、合作伙伴的宣传和交易的实现等；Portal 是系统技术支持者的展示门户，主要承担系统技术支持者的团队介绍、产品介绍、人才招聘和软件外包服务等；OnlineOA 是系统平台员工的办公平台，按照平台的组织结构来安排平台业务的管理与权限，如加盟商的审核、平台广告业务处理、产品审核和交易冲突处理等。开发的系统文件结构如图 2-2 所示。

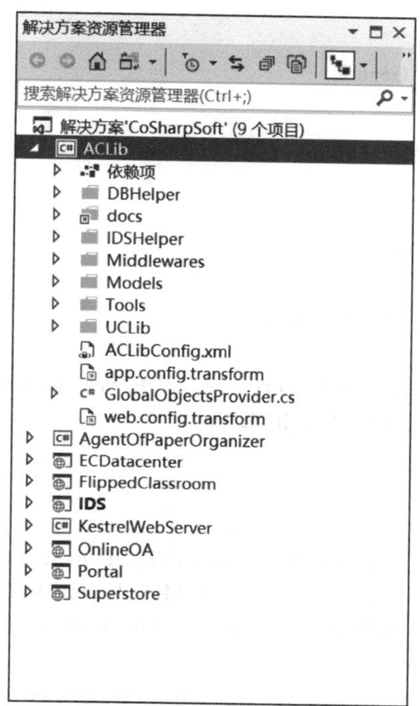


图 2-2　开发的系统文件结构

## 2.2　共享库——.NET Standard 类库

1. 共享类库的功能框架

系统的共享类库为 ACLib，采用.NET Standard 进行分发，该类库目前支持 Windows、Mac 和 Linux 平台，不但支持 X86 和 X64 架构，且能够重新发布到 ARM 架构上。

系统的共享类库分别由 DBHelper、IDSHelper、Middlewares、Models、Tools、UCLib 六个命名空间组成。DBHelper 命名空间中主要由业务逻辑层、数据访问层及数据库表类转换工具类组成；IDSHelper 主要由统一认证辅助工具类和统一授权配置文件类组成；Middlewares 存放着系统的中间件；Models 存放着系统的模型，包括系统通用的模型和各个业务逻辑项目的实体模型；Tools 存放着系统共享的工具集合类；UCLib 存放着系统的辅助类库。

2. 基于抽象工厂的 DAL 层

为了保证系统能够适用于多数据库数据源，系统的 DAL 设计了一个抽象工厂，抽象工厂类库的核心代码如下：

```
using System;
using System.Collections.Generic;
using System.Data;
using System.Data.Common;
using System.Reflection;
using System.Text;
namespace ACLib.DBHelper.DALs
{
    public abstract class AbstractFactory
    {
        public static AbstractFactory CreateDBFactory(string connectionString="",string
dbType= GlobalObjectProvider.defaultDBType)
        {
            switch (dbType)
            {
                case "MSSQL": return new MSSQLOperator(connectionString);
                case "MySQL": return new MySqlOperator(connectionString);
                case "SQLite": return new SQLiteOperator(connectionString);
                default:
                    return new MySqlOperator(connectionString);
            }
        }
        //创建库
        public abstract bool CreateDB(string DBName, string connectionString = "");
        //执行 SQL 语句，进行写、更、删
        public abstract int ExecuteNonQuery(string strSQL, DbParameter[] parameter=null);
        //带参数的 SQL 语句
        //读
        public abstract Object ExecuteScalar(string strSQL, DbParameter[] parameter = null);
        //获取单行单列值
        public abstract DataTable GetDataTableBySQL(string strSQL,
DbParameter[] parameter = null, string tableName = "NewTable");    //获取 DataTable
        public abstract DataSet GetDataSetBySQL(string strSQL);    //获取 DataTable
        public abstract String GetJSonDataBySQL(string strSQL, DbParameter[] parameter =
null);    //获取 JSon 字符串
        public abstract String GetJSonDataBySQLEx(string strSQL, bool isGetFirstOrDefault
=false, DbParameter[] parameter = null);    //获取 JSon 字符串，自定义方式
        //执行存储过程
        public abstract string ExecuteStoredProcedure(string SP_Name,
DbParameter[] parameter=null);    //执行存储过程
```

```
        public abstract List<T> GetEntityModelCollectionBySQL<T>(string strSQL,
DbParameter[] parameter = null) where T:new();  //获取实体集
        public abstract int ExcuteQueryByEntityModel<T>(T objEntity, EQType eqType)
where T:new();  //获取实体集
        public abstract int CreateTableByEntityModel<T>(T t) where T:new();
        #region 公共辅助方法
        public string GetSaveEntityModelSQLString<T>(T t) where T:new()
        {
            string strSQL = "";
            Type type = typeof(T);
            Object objEntity = Activator.CreateInstance(type);  //创建实例
            string keys = "";
            string values = "";
            foreach (PropertyInfo objProperty in type.GetProperties())
            {
                if (objProperty.Name.ToLower() == "id") continue;  //不加入 ID 列，一般
认为 ID 为自动增长列
                string key = objProperty.Name;

                string value = objProperty.GetValue(t, null)?.ToString();
                if (objProperty.PropertyType == typeof(DateTime))
                {
                    DateTime dtValue = (DateTime)objProperty.GetValue(t, null);
                    value = dtValue.ToString("yyyy/MM/dd HH:mm:ss");
                }
                string des = "";
                foreach (var item in objProperty.GetCustomAttributes(true))
                {
                    if (item.GetType().Name == "DescriptionAttribute")
                        des = (item as System.ComponentModel.DescriptionAttribute).
Description;
                }
                keys += key + ",";
                values += $"'{value}',";
            }
            keys = keys.TrimEnd(',');
            values = values.Trim(',');
            strSQL = $"insert into {type.Name} ({keys}) values ({values});";
            return strSQL;
        }
```

```
        public string GetUpdateEntityModelSQLString<T>(T t) where T:new()
        {
            string strSQL = "";
            Type type = typeof(T);
            Object objEntity = Activator.CreateInstance(type);   //创建实例
            string options = "";
            string search_condition    = "";
            foreach (PropertyInfo objProperty in type.GetProperties())
            {

                string key = objProperty.Name;
                string value = objProperty.GetValue(t, null)?.ToString();

                string des = "";
                foreach (var item in objProperty.GetCustomAttributes(true))
                {
                    if (item.GetType().Name == "DescriptionAttribute")
                        des = (item as System.ComponentModel.
DescriptionAttribute).Description;
                }
                if (objProperty.Name.ToLower() == "id") search_condition = $"Id={value}";
                else options += $"{key}='{value}',";
            }
            options = options.TrimEnd(',');

            strSQL = $"update {type.Name} set {options}   where {search_condition };";
            return strSQL;
        }
        public string GetDeleteEntityModelSQLString<T>(T t) where T:new()
        {
            string strSQL = "";
            Type type = typeof(T);
            Object objEntity = Activator.CreateInstance(type);   //创建实例
            string search_condition    = "";
            foreach (PropertyInfo objProperty in type.GetProperties())
            {
                string key = objProperty.Name;
                string value = objProperty.GetValue(t, null)?.ToString();
                string des = "";
                foreach (var item in objProperty.GetCustomAttributes(true))
```

```
                {
                    if (item.GetType().Name == "DescriptionAttribute")
                        des = (item as System.ComponentModel.DescriptionAttribute).
Description;
                }
                if (objProperty.Name.ToLower() == "id")
                {
                    search_condition  = $"Id={value}";
                    break;
                }
            }
            strSQL = $"delete from {type.Name} where {search_condition };";
            return strSQL;
        }
        public string DataReaderToJson(IDataReader dataReader)
        {
            try
            {
                StringBuilder jsonString = new StringBuilder();
                jsonString.Append("[");
                while (dataReader.Read())
                {
                    jsonString.Append("{");
                    for (int i = 0; i < dataReader.FieldCount; i++)
                    {
                        Type type = dataReader.GetFieldType(i);
                        string strKey = dataReader.GetName(i);
                        string strValue = dataReader[i].ToString();
                        jsonString.Append("\"" + strKey + "\":");
                        strValue = StringFormat(strValue, type);
                        if (i < dataReader.FieldCount - 1)
                        {
                            jsonString.Append(strValue + ",");
                        }
                        else
                        {
                            jsonString.Append(strValue);
                        }
                    }
                    jsonString.Append("},");
```

```
            }
            if (!dataReader.IsClosed)
            {
                dataReader.Close();
            }
            jsonString.Remove(jsonString.Length - 1, 1);
            jsonString.Append("]");
            if (jsonString.Length == 1)
            {
                return "[]";
            }
            return jsonString.ToString();
        }
        catch (Exception ex)
        {
            throw ex;
        }
    }
    //格式化字符型、日期型、布尔型
    private   string StringFormat(string str, Type type)
    {
        if (type != typeof(string) && string.IsNullOrEmpty(str))
        {
            str = "\"" + str + "\"";
        }
        else if (type == typeof(string))
        {
            str = String2Json(str);
            str = "\"" + str + "\"";
        }
        else if (type == typeof(DateTime))
        {
            str = "\"" + str + "\"";
        }
        else if (type == typeof(bool))
        {
            str = str.ToLower();
        }
        else if (type == typeof(byte[]))
        {
```

```
            str = "\"" + str + "\"";
        }
        else if (type == typeof(Guid))
        {
            str = "\"" + str + "\"";
        }
        return str;
    }
    //过滤特殊字符
    public  string String2Json(String s)
    {
        StringBuilder sb = new StringBuilder();
        for (int i = 0; i < s.Length; i++)
        {
            char c = s.ToCharArray()[i];
            switch (c)
            {
                case '\"':
                    sb.Append("\\\""); break;
                case '\\':
                    sb.Append("\\\\"); break;
                case '/':
                    sb.Append("\\/"); break;
                case '\b':
                    sb.Append("\\b"); break;
                case '\f':
                    sb.Append("\\f"); break;
                case '\n':
                    sb.Append("\\n"); break;
                case '\r':
                    sb.Append("\\r"); break;
                case '\t':
                    sb.Append("\\t"); break;
                case '\v':
                    sb.Append("\\v"); break;
                case '\0':
                    sb.Append("\\0"); break;
                default:
                    sb.Append(c); break;
            }
```

```
            }
            return sb.ToString();
        }
        #endregion
    }
    public enum EQType
    {
        Add=1,
        Update=2,
        Delete=3
    }
}
```

在抽象工厂中，用户通过 CreateDBFactory(string connectionString="",string dbType= GlobalObjectProvider.defaultDBType)方法创建实体操作对象。该方法提供两个输入参数，且提供默认的输入参数 connectionString 和 defaultDBType，默认的链接字符串将在 GlobalObjectProvider 中设定。如果用户提供了连接字符串，则不使用配置文件的连接。CreateDBFactory 根据 dbType 字符串判定用户的数据库类型，系统支持 MS SQL Server、MySQL 和 SQLite 数据库。在抽象工厂中，系统提供了 CreateDB、ExecuteNonQuery、ExecuteScalar、GetDataTableBySQL、GetDataSetBySQL、GetJSonDataBySQL、GetJSonDataBySQLEx、ExecuteStoredProcedure、GetEntityModelCollectionBySQL、ExcuteQueryByEntityModel 和 CreateTableByEntityModel 11 个抽象方法，要继承该抽象工厂的类，必须实现这 11 个抽象方法。除了这 11 个抽象方法外，工厂还为继承了本类的实体类提供公共辅助方法。GetSaveEntityModelSQLString 方法采用泛型的输入参数，通过反射机制，为用户提供实体类到 JSon 方法的转换；GetUpdateEntityModelSQLString 提供了从实体类到可执行 SQL 语句的转换；DataReaderToJson 提供了从 IDataReader 对象中获取 JSon 数据的方法；StringFormat 将字符型、日期型、布尔型转化为 JSon 的数据类型。

针对抽象工厂，系统实现了两种数据访问层，针对 SQL Server 的 MSSQLOperator 的类库的代码如下：

```
using System;
using System.Collections.Generic;
using System.Data;
using System.Data.Common;
using System.Data.SqlClient;
using System.Linq;
using System.Reflection;
using System.Text;
```

```
/*
数据库修改排序规则，修复汉字变问号
1.修改数据库为单用户模式
    alter database "D:\WORKBENCH\COSHARPSOFT\DBS\SYSDB.MDF" set single_user
with rollback immediate;
2.修改排序规则（这里为中文--拼音--不区分大小写）
    alter database [D:\WORKBENCH\COSHARPSOFT\DBS\SYSDB.MDF] collate
Chinese_PRC_CI_AS;
3.重新设置为多用户模式
    alter database [D:\WORKBENCH\COSHARPSOFT\DBS\SYSDB.MDF] set multi_user;
 */
namespace ACLib.DBHelper.DALs
{
    //Install-Package System.Data.SqlClient
    public class MSSQLOperator : AbstractFactory
    {
        //默认为第一个连接串
        string DBConnectionString = GlobalObjectProvider.DBConnectionDict["MSSQL"][0];
        public MSSQLOperator (string connectionString)
        {
            //如果指定，则用指定串
            if (!string.IsNullOrEmpty(connectionString)) DBConnectionString =
connectionString;
        }
        private SqlConnection GetConnection()
        {
            SqlConnection conn = new SqlConnection();
            conn.ConnectionString = DBConnectionString;
            return conn;
        }
        public override bool CreateDB(string DBName, string connectionString = "")
        {
            bool bResult = false;
            SqlConnection conn = GetConnection();
            conn.ConnectionString = connectionString!=""? connectionString :
GlobalObjectProvider.DBConnectionDict["MSSQL"][1];
            conn.Open();
            SqlCommand cmd = new SqlCommand();
            cmd.Connection = conn;
            cmd.CommandText = string.Format("DROP DATABASE IF EXISTS {0};
```

```
CREATE DATABASE {0};", DBName);
                bResult = cmd.ExecuteNonQuery() > 0 ? true : false;
                cmd.Dispose();
                conn.Close();
                return bResult;
            }
            public override int ExecuteNonQuery(string strSQL, DbParameter[] parameter = null)
            {
                int iRows = -1;
                SqlConnection conn = GetConnection();
                conn.Open();
                SqlCommand cmd = new SqlCommand();
                cmd.Connection = conn;
                cmd.CommandText = strSQL;
                if (parameter?.Length> 0) cmd.Parameters.AddRange(parameter);    //如果有参
数，执行带参数调用
                iRows = cmd.ExecuteNonQuery();
                cmd.Dispose();
                conn.Close();
                return iRows;
            }
            public override object ExecuteScalar(string strSQL, DbParameter[] parameter = null)
            {
                object oResult;
                SqlConnection conn = GetConnection();
                conn.Open();
                SqlCommand cmd = new SqlCommand();
                cmd.Connection = conn;
                cmd.CommandType = CommandType.Text;
                cmd.CommandText = strSQL;
                if (parameter?.Length> 0) cmd.Parameters.AddRange(parameter);    //如果有参
数，执行带参数调用
                oResult = cmd.ExecuteScalar();
                cmd.Dispose();
                conn.Close();
                return oResult;
            }
            public override string ExecuteStoredProcedure(string SP_Name, DbParameter[]
parameter = null)
            {
```

```
            string jsonResult = null;
            SqlConnection conn = GetConnection();
            conn.Open();
            SqlCommand cmd = new SqlCommand(SP_Name, conn);
            cmd.CommandType = CommandType.StoredProcedure;
            #region 数据读取
            if (parameter?.Length> 0)
            {
                foreach (var param in parameter)
                {
                    cmd.Parameters.Add(param.ParameterName, (SqlDbType)param.
DbType, param.Size);
                    cmd.Parameters[param.ParameterName].Value = param.Value;
                    cmd.Parameters[param.ParameterName].Direction = param.Direction;
                }
            }
            SqlDataReader dataReader = cmd.ExecuteReader();
            jsonResult = base.DataReaderToJson(dataReader);
            #endregion
            dataReader.Dispose();
            cmd.Dispose();
            conn.Close();
            return jsonResult;
        }
        public override DataTable GetDataTableBySQL(string strSQL,
DbParameter[] parameter = null, string tableName = "NewTable")
        {
            return GetDataSetBySQL(strSQL).Tables[0];
        }

        public override List<T> GetEntityModelCollectionBySQL<T>(string strSQL,
DbParameter[] parameter = null)
        {
            List<T> objList = new List<T>();
            T obj = new T();
            #region 数据读取
            SqlConnection conn = GetConnection();
            conn.Open();
            SqlCommand cmd = new SqlCommand();
            cmd.Connection = conn;
```

```
            cmd.CommandType = CommandType.Text;
            cmd.CommandText = strSQL;
            if (parameter?.Length> 0) cmd.Parameters.AddRange(parameter);    //如果有参数，执行带参数调用
            SqlDataReader dataReader = cmd.ExecuteReader();
            while (dataReader.Read())
            {
                obj = new T();
                Type t = obj.GetType();
                foreach (var prop in t.GetProperties())
                {
                    string key = prop.Name;
                    for (int i = 0; i < dataReader.FieldCount; i++)
                    {
                        //属性名与查询出来的列名比较
                        if (key.ToLower() != dataReader.GetName(i).ToLower()) continue;
                        var value = dataReader[i];//dataReader[key];   //改为i，以不区分大小写
                        if (value == DBNull.Value) continue;
                        obj.GetType().GetProperty(key).SetValue(obj, value, null);
                        break;
                    }
                }
                objList.Add(obj);
            }
            #endregion
            conn.Close();
            cmd.Dispose();
            dataReader.Dispose();
            return objList;
        }
        public override string GetJSonDataBySQL(string strSQL, DbParameter[] parameter = null)
        {
            string sResult;
            SqlConnection conn = GetConnection();
            conn.Open();
            SqlCommand cmd = new SqlCommand();
            cmd.Connection = conn;
            cmd.CommandType = CommandType.Text;
```

```
                cmd.CommandText = strSQL;
                if (parameter?.Length> 0) cmd.Parameters.AddRange(parameter);  //如果有参
数，执行带参数调用
                SqlDataReader aReader = cmd.ExecuteReader();
                sResult = base.DataReaderToJson(aReader);
                cmd.Dispose();
                conn.Close();
                return sResult;
            }
            public override string GetJSonDataBySQLEx(string strSQL, bool isGetFirstOrDefault
= false, DbParameter[] parameter = null)
            {
                string sResult = "";
                using (SqlConnection conn = GetConnection())
                {
                    using (SqlCommand cmd = new SqlCommand())
                    {
                        conn.Open();
                        cmd.Connection = conn;
                        cmd.CommandText = strSQL;
                        if (parameter?.Length> 0) cmd.Parameters.AddRange(parameter);
//如果有参数，执行带参数调用
                        SqlDataReader aReader = cmd.ExecuteReader();
                        if (!isGetFirstOrDefault) sResult += "[";
                        while (aReader.Read())
                        {
                            sResult += "{";
                            for (int i = 0; i < aReader.FieldCount; i++)
                            {
                                string key = aReader.GetName(i).ToString();
                                string value = aReader.IsDBNull(i) ? "" : aReader[i].ToString();
                                string typeName = aReader.GetDataTypeName(i);
                                if (typeName.ToLower() != "int") value = $"\"{value}\"";
                                sResult += $"\"{key}\":{value},";
                            }
                            sResult = sResult.TrimEnd(',');
                            sResult += "},";
                            if (isGetFirstOrDefault) break;
                        }
                        sResult = sResult.TrimEnd(',');
```

```
                if (!isGetFirstOrDefault) sResult += "]";
            }
        }
        sResult = sResult == "[]" ? "" : sResult;
        return sResult;
    }
    public override int ExcuteQueryByEntityModel<T>(T t,EQType eqType)
    {
        int iResult = -1;
        switch (eqType)
        {
            case EQType.Add:
                iResult = ExecuteNonQuery(base.GetSaveEntityModelSQLString(t));
                break;
            case EQType.Update:
                iResult = ExecuteNonQuery(base.GetUpdateEntityModelSQLString(t));
                break;
            case EQType.Delete:
                iResult = ExecuteNonQuery(base.GetDeleteEntityModelSQLString(t));
                break;
            default:
                break;
        }
        return iResult;
    }
    public override DataSet GetDataSetBySQL(string strSQL)
    {
        DataSet ds = new DataSet();
        SqlConnection conn = GetConnection();
        conn.Open(); SqlDataAdapter adapter = new SqlDataAdapter(strSQL, conn);
        adapter.Fill(ds);
        adapter.Dispose();
        conn.Close();
        return ds;
    }
    public override int CreateTableByEntityModel<T>(T t)
    {
        int iResult = -1;
        string strSQL = $"IF EXISTS(Select * From Sysobjects Where type = 'U' and
name = '{t.GetType().Name}') drop table {t.GetType().Name};Create Table {t.GetType().Name}
```

```
(Id int identity(1,1),\r\n";
                Type type = typeof(T);
                Object objEntity = Activator.CreateInstance(type);    //创建实例
                #region  遍历字段
                foreach (PropertyInfo objProperty in type.GetProperties())
                {
                    if (objProperty.Name.ToLower() == "id") continue;    //不加入 ID 列，一般
认为 ID 为自动增长列
                    string key = objProperty.Name;
                    string keyType = objProperty.PropertyType.Name.ToUpper(); //INT|
DOUBLE|FLOAT|DATETIME|NVARCHAR(127)|TEXT
                    if (keyType == "STRING")
                    {
                        int len = -1;
                        foreach (var item in objProperty.GetCustomAttributes(true))
                        {
                            if (item.GetType().Name == "MaxLengthAttribute")
                                len = (item as System.ComponentModel.DataAnnotations.
MaxLengthAttribute).Length;
                        }
                        if (len == -1) keyType = "NVARCHAR(255)";// "NVARCHAR(MAX)";
                        else if (len < 255) keyType = $"NVARCHAR({len})";
                        else keyType = "NTEXT";
                    }
                    if (keyType.ToUpper().StartsWith("INT")) keyType = "INT";
                    if (keyType.ToUpper().StartsWith("DOUBLE")) keyType = "FLOAT";
                    if (keyType.ToUpper().StartsWith("OBJECT")) keyType = "NTEXT";
                    strSQL += $"{key} {keyType},\r\n";
                }
                #endregion
                strSQL = strSQL.TrimEnd(new char[] { ',', '\r', '\n' });
                strSQL += ");";
                #region  如果不存在数据库，则创建数据库

                #endregion
                iResult = ExecuteNonQuery(strSQL);    //创建表
                return iResult;
            }
        }
}
```

在对MS SQL Server数据库进行插入操作时，如果不修改排序规则，则插入的汉字将变成问号。一种解决方法是在插入的字符串前加一个N，如N'男'，但并非所有数据库都支持这种方式；另一种解决方法是采用类中提供的方法修改数据库的排序规则。在MSSQLOperator的构造函数中，如果调用者提供了connectionString，则使用用户的连接字符串；如果用户不提供数据连接字符串，则采用GlobalObjectProvider提供的GlobalObjectProvider. DBConnectionDict["MSSQL"][0]，在配置文件中，DBConnectionDict["MSSQL"][1]是连接Master数据库的，用于连接数据库引擎后创建用户数据库。由于MSSQLOperator继承了AbstractFactory类，所以MSSQLOperator必须实现AbstractFactory定义的抽象方法，即需要完成对数据表的创建和读、写、更、删。

MySQL的MySQLOperator类库和MSSQLOperator具有相似的结构，它们都继承和实现了抽象工厂类AbstractFactory，提供基础的数据库操作，以供DLL层调用，可让开发者自己继承AbstractFactory抽象类和实现相应的抽象方法，定义自己的数据访问层。其他子系统可以通过抽象工厂定义自己的数据访问对象或使用ACLib提供的默认数据访问对象，代码如下所示。

```
var _DBContext= ACLib.DBHelper.DALs.AbstractFactory.CreateDBFactory("连接字符串",
"MySQL");
```

或

```
var _DBContext = ACLib.GlobalObjectsProvider.dbContext;
```

DAL层中的连接字符串由配置文件给出。

3. 全局配置静态类库GlobalObjectsProvider

为了提供IDS和其他业务应用的一致性静态参数，在共享类库中设置了一个GlobalObjectsProvider全局配置类库。该类库提供了一批系统配置参数，如IDS的跳转配置、映射的全局静态文件存放路径、各个服务器的URL和默认数据连接对象等，用于其他系统的调用。该类库的代码如下：

```
using System;
using System.Collections.Generic;
using System.IO;
using System.Linq;
using System.Text;
using System.Xml.Linq;
namespace ACLib
{
    public static class GlobalObjectsProvider
    {
```

```
        public static string configFilePath =Path.Combine(@"D:\Workbench\CoSharpSoft\
WebSiteStaticFiles\", @"ACLibConfig.xml");
        static string conStr = XDocument.Load(configFilePath).Element("Configuration").
Element("Configs").Element("DBConnectionString").Attribute("connectionString").Value.
ToString();
        public static ACLib.DBHelper.DALs.AbstractFactory dbContext = ACLib.DBHelper.
DALs.AbstractFactory.CreateDBFactory(conStr, "MSSQL");
        public static string[] AsymmetricKeypair = { XDocument.Load(configFilePath).
Element("Configuration").Element("AsymmetricKeypair").Element("PrivateKey").Value ,
            XDocument.Load(configFilePath).Element("Configuration").
Element("AsymmetricKeypair").Element("PublicKey").Value};
        public static Dictionary<string, string> ApplicationServers = LoadServerInfo();
        public static Dictionary<string, string> LoadServerInfo()
        {
            Dictionary<string, string> AppServers = new Dictionary<string, string>();
            XDocument xDoc = XDocument.Load(configFilePath);
            var servers = (from appServer in xDoc.Element("Configuration").
Element("WebSiteUrl").Descendants("ApplicationServers")
                           select new
                           {
                               id= appServer.Attribute("id").Value,
                               key =appServer.Attribute("name").Value,
                               value = appServer.Attribute("url").Value
                           }).ToList();
            foreach (var item in servers)
            {
                AppServers.Add(item.id, item.value);
            }
            return AppServers;
        }
    }
}
```

在全局配置静态类库 GlobalObjectsProvider 中，类库的配置参数存放在ACLibConfig.xml 配置文件中，采用静态变量 configFilePath=Path.Combine(@"D:\Workbench\CoSharpSoft\WebSiteStaticFiles\",@"ACLibConfig.xml")来保存。其路径可采用相对路径，也可采用绝对路径。这里采用了绝对路径，优势是当系统发布到服务器上时，其发布文件的覆盖不影响配置文件。在开发环境中，连接的数据库和部分配置是针对开发人员的；而在生产环境中，不允许开发人员更改用户的数据或向数据库添加临时数据，因此不采用相对路径。

4. 其他相关命名空间与类库

在 DBHelper 中，还有一个 BLL 命名空间，该空间是实现各个子系统共享调用的业务逻辑，如用户访问 UsersBLL 类库等。而用户自定义的类库则存放在 UCLib 命名空间中。诸多工具转换类存放在 Tools 命名空间中。Middlewares 命名空间存放的是各子系统共享的中间件。Models 除了存放公共的模型外，其他子系统共享的模型将分别存放在以子系统命名的空间中。

## 2.3 统一身份认证系统 IDS

1. IDS 的功能

IDS 的功能如图 2-3 所示。

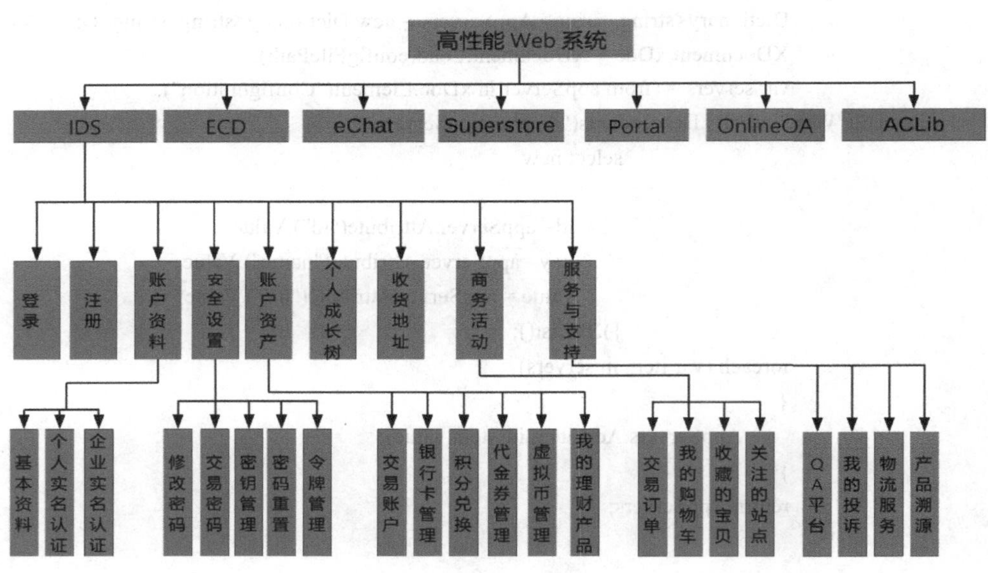


图 2-3 IDS 的功能

统一身份认证服务器承载了系统的整个认证与授权任务，同时管理用户的基本信息，如用户的基础资料、用户的账户安全设置、用户的账户资产、用户在平台的成长记录、用户在平台的商务活动及平台的使用指南。

2. 保证系统外观一致与模块复用

为了保持 IDS 的界面外观一致，用布局页控制整体的界面外观，布局页的核心代码如下：

```
</footer>
    @RenderSection("Scripts", required: false) <!DOCTYPE html>
<html>
<head>
 ......
    @RenderSection("Links", required: false)
</head>
<body>
    @await Html.PartialAsync("_PartialViewHeader")
    @*@Html.Partial("_PartialViewHeader")*@

    <div class="container body-content">
        @await Html.PartialAsync("_PartialViewCarousel")
        @*@Html.Partial("_PartialViewCarousel")*@

        @* @Html.Partial("_PartialViewMenu")*@

        @*@Html.Partial("_PartialViewLeftSidebarMenu")*@

        @RenderBody()

        <footer>
            @await Html.PartialAsync("_PartialViewFooter")
          @* @Html.Partial("_PartialViewFooter")*@
        </footer>
    </div>

......

    @RenderSection("Scripts", required: false)
</body>
</html>

</body>
</html>
```

在布局页中，@RenderSection("Links", required: false)和@RenderSection("Scripts", required: false)两个占位符用于在视图页中插入@section Links 的 CSS 样式表和@section Scripts 的 JS 代码，而@RenderBody()占位符用于渲染视图页。在

布局页中采用@await Html.PartialAsync("_PartialViewCarousel")的异步方式调用各个部分页，用于复用系统中静态的部分页模块。用部分页的方式设计一些常用的静态页模块是为了统一网站的风格和代码符；而动态模块用 ViewComponents 组件的形式进行发布；系统中的共享部分页存放在 IDS 的 Shared 目录下，如图 2-4 所示。

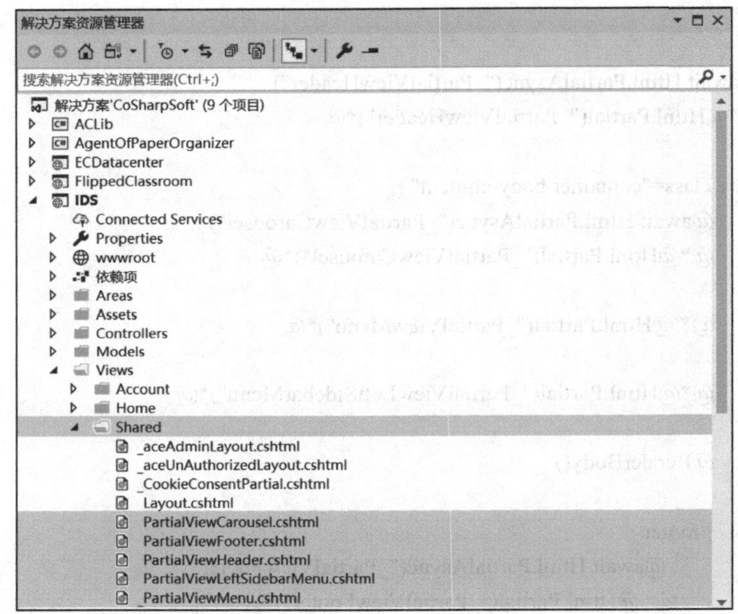


图 2-4 Shared 目录

部分页没有自己的控制器，其数据可以由调用者传入。如果部分页不能满足设计者的要求，可采用 ViewComponent 组件，如图 2-5 所示。

ViewComponent 的页面可采用 Razor 语法进行设计，也可采用 html+CSS+JS 方法进行设计。ViewComponent 的业务逻辑在继承了 ViewComponent 类的控制器中实现，代码如下：

```
using ACLib.Models.Common;
using Microsoft.AspNetCore.Mvc;
using System;
using System.Collections.Generic;
using System.Linq;
using System.Threading.Tasks;
namespace Superstore.ViewComponents
{
```

```
    [ViewComponent(Name = "Exhibition")]
    public class ExhibitionViewComponent : ViewComponent
    {
        public async Task<IViewComponentResult> InvokeAsync(string viewName,string viewParam)
        {
            var items = await GetItemsDataAsync(viewName,viewParam);
            return View(viewName, items);
        }
    }
}
```

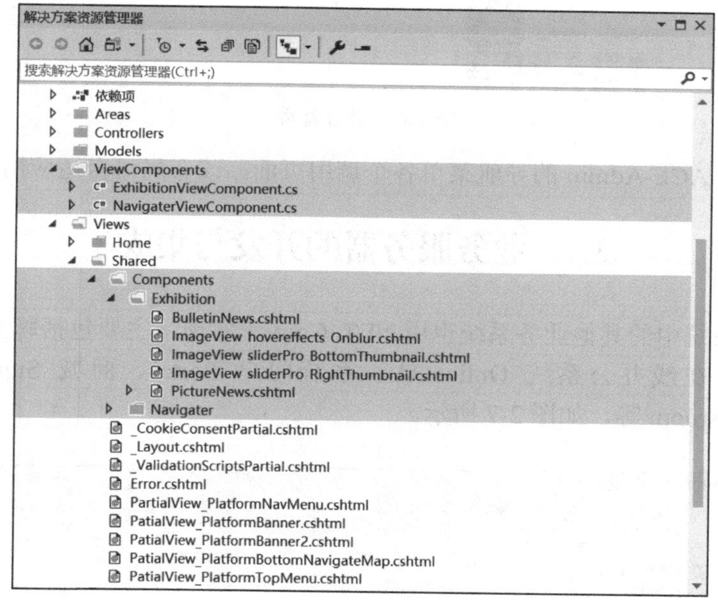


图 2-5 ViewComponent 组件

要求该类实现 public async Task<IViewComponentResult> InvokeAsync()方法。在布局页中引入了两个 Section：@RenderSection("Links", required: false)和@RenderSection("Scripts", required: false)，分别用来渲染样式表和 JS 脚本。我们建议在<head />中渲染样式表，在<body />的末尾渲染 JS 脚本。

3. IDS 的用户后台管理系统

用户后台管理系统采用 ACE-Admin 布局管理器进行管理。通过这个后台管理系统，用户可以维护账户资料、设置账户安全和金融资产等，后台首页如图 2-6 所示。

图 2-6　后台首页

可通过 ACE-Admin 的导航菜单各个调用页面，该布局可自适应用户的屏幕。

## 2.4　业务服务器的开发与集成

Web 系统中的其他业务系统也用.NET Core 来实现，主要包括聊天转发子系统 eChat、在线办公系统 OnlineOA、系统门户 Portal、商城 SuperStore 和 FlippedClassroom 等，如图 2-7 所示。

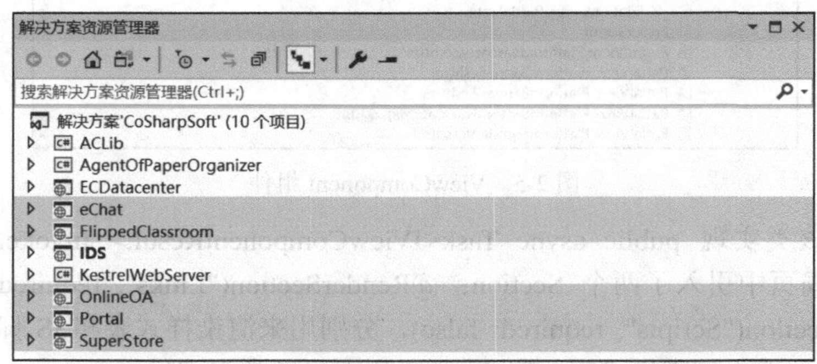


图 2-7　其他业务系统

其他系统实现的业务逻辑不再赘述，但要求其他系统与 IDS 共享同一个文件系统。在每个子系统中必须将 IDS 配置中的静态文件目录映射到本系统中，映射代码如下：

```
app.UseStaticFiles(new StaticFileOptions()
    {
        ServeUnknownFileTypes = true;   //mime type 限制设定，省略为默认文件类型
        FileProvider = new Microsoft.Extensions.FileProviders.PhysicalFileProvider
(ACLib.IDSHelper.CookieAuthOptions.ServerSharedStaticFilesPath);   //文件所在物理路径
        RequestPath = new PathString(ACLib.IDSHelper.CookieAuthOptions.
ClientMapRequestPath);   //映射路径
        });
```

目录映射使得各子系统的静态文件得以共享访问。

## 2.5 即时消息服务器 eChat

2.4 节提到的 eChat 是一个即时通信系统。为了便于商务联系，以低成本实现商务交流或工作交流，在系统平台中提供一个 eChat 即时通信服务。即时通信（Instant Messaging，IM）是目前 Internet 上最流行的通信方式，各种各样的即时通信软件层出不穷；服务商也提供了越来越丰富的通信服务功能。毋庸置疑，Internet 已经成为真正的信息高速公路。从实际工程应用角度出发，以计算机网络原理为指导，结合当前网络中的一些常用技术，本系统基于 SignalR，编程实现了一个基于 B/S 架构的网络聊天工具——eChat。

### 2.5.1 即时通信技术的发展

IM 的出现与互联网有密不可分的关系。IM 完全基于 TCP/IP 网络协议簇实现，而 TCP/IP 协议簇则是整个互联网得以实现的技术基础。

最早出现的即时通信协议是因特网中继聊天（Internet Relay Chat，IRC），可惜的是它仅能单纯地使用文字、符号的方式通过互联网进行交谈和沟通。随着互联网变得高度发达，即时通信也变得远不止聊天这么简单。自 1996 年第一个 IM 产品——ICQ 被发明后，IM 的技术和功能已基本成型，语音、视频、文件共享、短信发送等高级信息交换功能都可以在 IM 工具上实现，于是功能强大的 IM 软件便足以搭建一个完整的通信交流平台。目前最具代表性的 IM 通信软件有 WeChat、Google Talk、Whatapps、Viber、QQ 等。

### 2.5.2 即时通信技术

基于 Web 实现 IM 软件依然要用浏览器请求服务器的模式（即 C/S 架构），这这种方式下，针对 IM 软件的开发需要解决如下三个问题[3]。

（1）全双工通信。即实现浏览器拉取（Pull）服务器数据，服务器推送（Push）数据到浏览器。

（2）低延迟。即浏览器A发送给B的信息经过服务器要快速转发给B；同理，B的信息也要快速交给A。实际上就是要求任何浏览器能够快速请求服务器的数据；服务器能够快速推送数据到浏览器。

（3）支持跨域。通常客户端浏览器和服务器处于网络的不同位置，浏览器本身不允许通过脚本直接访问不同域名下的服务器，IP地址相同、域名不同不行，域名相同、端口不同也不行，主要是为了安全考虑。

全双工低延迟的解决方案如下所述。

解决方案一。客户端浏览器轮询服务器（Polling）。这是最简单的一种解决方案，其原理是在客户端通过AJAX的方式每隔一段时间就发送一个请求到服务器，服务器返回最新数据，然后客户端根据获得的数据来更新界面，这样就间接实现了即时通信。优点是简单；缺点是服务器压力较大，浪费带宽流量（通常情况下数据都是没有发生改变的）。

解决方案二。长轮询（Long Polling）。在解决方案一中，由于每次都要发送一个请求，无论服务端数据是否发生变化都发送数据，请求完成后连接关闭。这中间的很多通信是不必要的，于是出现了长轮询方式。这种方式是客户端发送一个请求到服务器，服务器查看客户端请求的数据是否发生了变化（是否有最新数据），如果发生变化则立即响应返回；否则保持该连接并定期检查最新数据，直到数据更新或连接超时。同时，客户端连接一旦断开则再次发出请求，这样在相同时间内大大减少了客户端请求服务器的次数（来自网页：http://www.52im.net/thread-224-1-1.html）。

解决方案三。基于http-stream通信。长轮询技术为了保持客户端与服务端的长连接采取了服务端阻塞（保持响应不返回）、客户端轮询的方式，在Comet技术中，还存在一种基于http-stream流的通信方式。其原理是让客户端在一次请求中保持与服务端连接不断开，然后服务端源源不断地给客户端传送数据，就像数据流一样，并不是一次性将数据全部发给客户端。它与轮询方式的区别在于整个通信过程客户端只发送一次请求，然后服务端保持与客户端的长连接，并利用这个连接再回送数据给客户端。

解决方案四。为了解决浏览器只能单向传输数据到服务端的问题，HTML 5提供了一种新的技术——服务器推送事件（Server-sent Events，SSE），它能够实现客户端请求服务端，然后服务端利用与客户端建立的这条通信连接给客户端传送数据，客户端接收数据并处理。SSE技术提供的是服务器给浏览器单向推送数据的功能，但是配合浏览器主动请求，实际上实现了客户端和服务器的双向通信。它的原理是在客户端构造一个eventSource对象，该对象具有readySate属性，分别表示为 0（正在连接到服务器）、1（打开连接）、2（关闭连接）。

同时 eventSource 对象会保持与服务器的长连接，断开会自动重连，如果要强制连接，可以调用它的 close 方法。关于它的监听 onmessage 事件，服务端遵循 SSE 数据传输的格式给客户端，客户端在 onmessage 事件触发时就能够接收到数据，从而进行相应处理。

解决方案五：WebSocket。以上 4 种解决方案都是利用浏览器单向请求服务器或者服务器单向推送数据到浏览器技术组合在一起而形成的 hack 技术。在 HTML 5 中，为了加强 Web 的功能，提供了 WebSocket 技术，它不仅是一种 Web 通信方式，还是一种应用层协议。它提供了浏览器和服务器之间原生的全双工跨域通信，通过浏览器和服务器之间建立 WebSocket 连接（实际上是 TCP 连接），在同一时刻能够实现客户端到服务器和服务器到客户端的数据发送。WebSocket 整个工作过程如下所述。

首先是客户端新建一个 WebSocket 对象，该对象发送一个 http 请求到服务端，服务端发现这是一个 WebSocket 请求，同意协议转换，发送回客户端一个 101 状态码的回复，以上过程称为一次握手。经过这次握手之后，客户端就与服务端建立了一条 TCP 连接，在该连接上，服务端与客户端可以进行双向通信。此时的双向通信在应用层用的是 WS 或者 WSS 协议，与 http 没有关系。所谓 WS 协议，就是要求客户端与服务端遵循某种格式来发送数据报文（帧），这样对方才能够理解。WS 协议的数据格式如图 2-8 所示。

```
 0                   1                   2                   3
 0 1 2 3 4 5 6 7 8 9 0 1 2 3 4 5 6 7 8 9 0 1 2 3 4 5 6 7 8 9 0 1
+-+-+-+-+-------+-+-------------+-------------------------------+
|F|R|R|R| opcode|M| Payload len |    Extended payload length    |
|I|S|S|S|  (4)  |A|     (7)     |             (16/64)           |
|N|V|V|V|       |S|             |   (if payload len==126/127)   |
| |1|2|3|       |K|             |                               |
+-+-+-+-+-------+-+-------------+ - - - - - - - - - - - - - - - +
|     Extended payload length continued, if payload len == 127  |
+ - - - - - - - - - - - - - - - +-------------------------------+
|                               |Masking-key, if MASK set to 1  |
+-------------------------------+-------------------------------+
| Masking-key (continued)       |          Payload Data         |
+-------------------------------- - - - - - - - - - - - - - - - +
:                     Payload Data continued ...                :
+ - - - - - - - - - - - - - - - - - - - - - - - - - - - - - - - +
|                     Payload Data continued ...                |
+---------------------------------------------------------------+
```

图 2-8　WS 协议的数据格式

其中比较重要的是 FIN 字段，它占用 1 位，这是一个数据帧的结束标志，同时是下一个数据帧的开始标志。opcode 字段占用 4 位，当为 1 时，表示传递的是 text 帧；为 2 时表示传递的是二进制数据帧；为 8 时表示需要结束此次通信（客户端或者服务端发送给对方这个字段就表示对方要关闭连接了）；为 9 时表示发送的是一个 ping 数据。MASK 字段占用 1 位，为 1 时表示 masking-key 字段可用，masking-key 字段用来对客户端发送来的数据做 unmask 操作，它占用 0～4 个字节。PayLoad 字段表示实际发送的数据，可以是字符数据也可以是二进制数据。

所以无论是客户端还是服务端，在向对方发送消息时，都必须将数据组装成上面的帧格式来发送。

### 2.5.3 即时通信技术的实现之一——SingalR

ASP.NET Core SignalR 是一个开源代码库，它简化了向应用添加实时 Web 功能的过程。实时 Web 功能使服务器端代码能够即时将内容推送到客户端。SignalR 适用于需要来自服务器的高频率更新的应用，如游戏、社交网络、投票、拍卖、地图和 GPS 应用；仪表板和监视应用，如仪表板、销售状态即时更新或行程警示等；协作应用，如白板应用、团队会议软件；需要通知的应用，如社交网络、电子邮件、聊天、游戏、行程警示等。

SignalR 提供了一个用于创建服务器到客户端远程过程调用（RPC）的 API。RPC 通过服务器端.NET Core 代码调用客户端上的 JS 函数。ASP.NET Core SignalR 的功能：自动管理连接；同时向所有连接的客户端发送消息，如聊天室；将消息发送到特定的客户端或客户端组；扩展以处理增加的流量。

SignalR 用于处理实时通信的方法有 WebSocket、服务器发送事件和长轮询三种。若客户端支持 WebSocket，则 SignalR 采用 WebSocket 进行通信；若客户端不支持 WebSocket，则转为长轮询方式。SignalR 会从服务器和客户端支持的功能中自动选择最佳传输方法。

SignalR 使用中心在客户端与服务器之间进行通信。Hub 是一种高级管道，允许客户端和服务器相互调用方法。SignalR 使用 Hub 在客户端和服务器之间进行通信，自动处理跨计算机边界的调度，允许客户端和服务器相互调用方法，可以将强类型参数传递给方法，从而启用模型绑定。SignalR 提供两个内置中心协议：基于 JSon 的文本协议和基于 MessagePack 的二进制协议。与 JSon 相比，MessagePack 创建的消息通常比较小。旧版浏览器必须支持 XHR 2 才能提供 MessagePack 协议支持。中心通过发送包含客户端方法的名称和参数的消息来调用客户端代码。使用配置的协议对作为方法参数发送的对象进行反序列化。客户端会尝试将方法名称与客户端代码中的方法进行匹配，当客户端找到匹配项时，调用该方法并将反序列化的参数数据传递给方法。

### 2.5.4 eChat 系统体系结构

eChat 系统体系结构如图 2-9 所示。

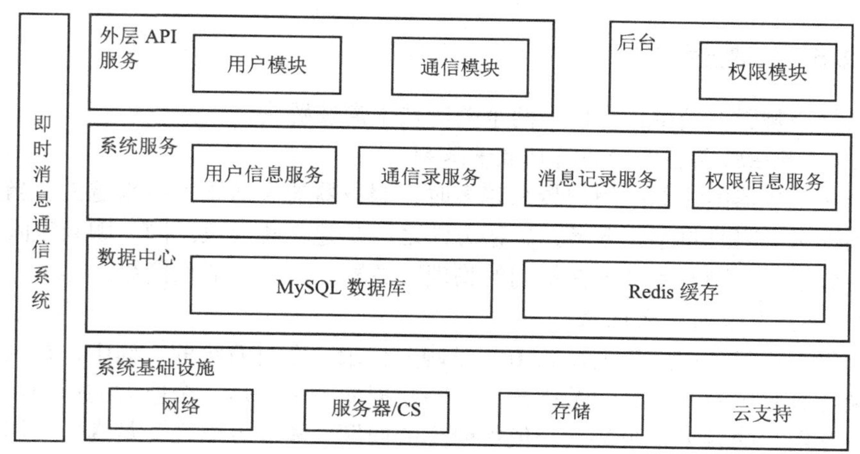


图 2-9　eChat 系统体系结构

eChat 系统总体功能可以分为三个模块：用户模块、通信模块、权限模块。各模块功能如下所述。

（1）用户模块。登录功能、注册功能、查看个人信息、修改个人信息。

（2）通信模块。好友分组、用户搜索、添加好友、查看好友基本信息、好友一对一聊天、新建群聊、查找群聊、群聊、发送文本消息、发送视频消息、发送音频消息、历史消息回看。

（3）权限模块。系统角色划分、角色信息添加、用户信息搜索、授予/收回用户角色。

eChat 聊天界面如图 2-10 所示。

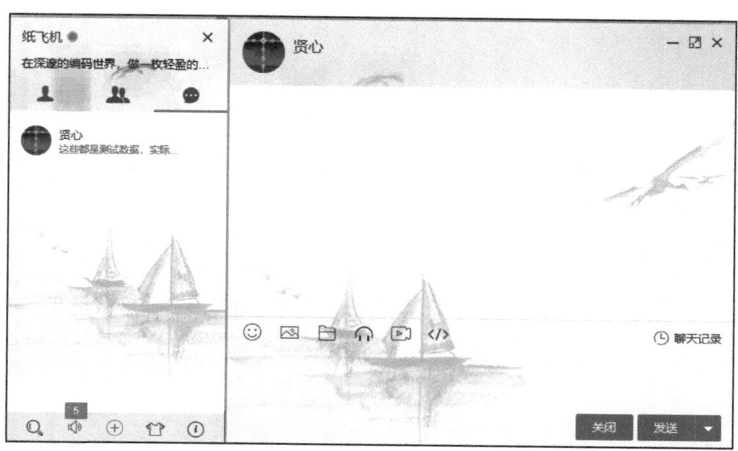


图 2-10　eChat 聊天界面

### 2.5.5 关键技术剖析

在整个聊天系统中，有以下两个关键技术需要解决。

1. 注册在服务器中心的用户数量限制

当在服务器中注册的用户越来越多时，服务器的推送压力越来越大。当服务器达到推送上限时将拒绝服务，解决方法之一是建立聊天室，同一聊天室限制用户注册数量。各聊天室部署在不同的物理服务器上，以保证连接数。

2. 滚动增长的聊天记录

假设平均每个用户每天发表 0.1 条聊天记录，在百万级的访问中，每天的聊天记录达到数十万条，对记录用户聊天的数据库表来说是一个巨大的压力。因此如何保存用户的聊天记录是一个值得研究的问题。解决方法之一是为每个用户构建一个 SQLite 数据库，该数据保存在统一共享文件系统的私人文件目录下，即每人拥有一个聊天数据库，而共享的图片和媒体文件不存入数据库，由分布式静态文件系统维护，权限为私人对私人共享。该方法解决了聊天记录恶性膨胀问题，但可能导致系统数据访问性能下降。

# 第 3 章　分布式静态文件系统

本书论述一种支持超大规模并发访问的、容量易扩展的、支持流媒体的分布式文件系统（Distributed File System，DFS）。整个系统包括数据存储服务器集群子系统和文件管理服务器集群子系统，服务器存储集群子系统由一系列服务器存储矩阵组成，数据存储总体容量等于各个卷（$\mathrm{Vol}_i$）容量之和。卷（$\mathrm{Vol}_i$）内为冗余互备份服务器，卷内单服务器提供 Web 访问服务，用于超大规模并发访问时的负载均衡，并支持 RAID 磁盘阵列以提升节点数据吞吐效率和数据安全备份，卷（$\mathrm{Vol}_i$）容量大小受本卷最小服务器容量限制。文件管理服务器集群子系统，主要用于客户文件上传、存储管理和存储服务器集群同步。该子系统由负载均衡服务器、文件管理服务器集群和数据库存储集群三部分组成。负载均衡服务器用于在各个管理服务器上均衡并发上传访问的客户请求，文件管理服务器负责查询和计算上传文件的散列校验值，该值用于文件的共享存储和各个卷文件的合并、存储同步，提供存储文件上传的 WebUI 和 API，提供小文件和大文件两种上传机制。存储服务器集群用于存储系统中各个文件的状态、位置、权限等。

本书通过 Web 静态文件服务提供了一个海量、超大规模、可扩展、松耦合的分布式文件系统，与 FastFDS 相比，在功能上进行了扩展，在性能上得到了大幅度提高，在动态扩展上得到了极大改善。该系统可支持文件秒传、流媒体实时播放、超大数据文件存储、多用户文件共享和保护的特色服务，为目前大数据时代数据存储提供基础服务。

本书涉及一种分布式文件存储系统，特别是一种基于 HTTP 协议的 Web 文件服务器存储集群系统。

## 3.1　技术相关

操作系统用文件系统组织磁盘文件和数据结构，计算机通过文件系统管理、存储数据。大数据时代，信息爆炸式增长，使得数据存储容量需求成指数级增长。单文件系统是通过增加硬盘容量和个数来拓展文件系统存储容量的，这种方式在容量大小、容量增长速度、数据备份、数据安全和管理等方面的表现都差强人意。

分布式文件系统可以有效解决这个数据存储和管理难题。一台普通或者专用计算机，通过添加服务可以对外提供远程文件访问。对位于不同地点的文件服务器进行集群，提供网络用户文件访问、目录并发控制和文件安全共享措施，便形成了一个 DFS。该 DFS 通过网络进行节点间的通信和数据传输，提供全网统一的文件系统管理。用户在使用 DFS 时，无须关心数据存储在哪个节点上或者是从哪个节点获取的，只需像使用本地文件系统一样管理和存储文件系统中的数据。DFS 将服务范围扩展到了整个网络，不仅改变了数据的存储和管理方式，也拥有了本地文件系统无法具备的数据备份、数据安全等优点。

实现 DFS（尤其是机群文件系统）一般有两种方法：共享文件系统（Shared File System Approach）和共享磁盘（Shared Disk Approach）。共享文件系统方法已应用于许多 DFS，如 NFS、AFS 和 Sprite 文件系统；使用共享磁盘方法的有 VAXCluster 的文件系统、IBM GPFS、GFS 等。然而商业 DFS（如 Intel Paragon 的 PFS、IBM SP 的 GPFS、HP Exemplar 的 HFS 以及 SGI Origin 2000 的 XFS）提供了 I/O 密集型应用所需的高性能和功能性，但是仅适用于专门的平台。而诸如 NFS、AFS/Coda、InterMezzo、xFS 和 GFS 等文件系统被用来提供来自多个客户端机器的对文件的分布式访问，并且根据这种访问设计文件系统的一致性语义和缓存行为。然而大型并行科学应用的负载类型通常不会与为分布式访问设计的文件系统很好地结合，尤其是 DFS 不会为并行应用典型需要的高带宽并发性而设计。

在 FlippedClassroom 项目和数字资源中心平台项目的开发过程中，需要一个 DFS 提供超大规模文件并发访问和安全、高效的授权鉴权机制，并支持流媒体服务。项目设计之初欲采用 FastFDS。FastDFS 是一个开源的轻量级分布式文件系统，可以管理文件，功能包括文件存储、文件同步、文件访问（文件上传、文件下载）等，它解决了大容量存储和负载均衡的问题，特别适合以文件为载体的在线服务，如相册网站、视频网站等。然而在开发过程中，将 FastDFS 集成到系统中有诸多限制，使得项目开发无法继续，不得不放弃 FastDFS 而重新设计一个 DFS 系统，以完成项目的开发。

为了契合项目的开发，需要设计了一个能够提供超大规模并发访问能力、提供无限扩展容量、支持超大规模文件分片存储、支持流媒体播放、提供健全的授权与鉴权机制的 DFS。

## 3.2 系统设计

为解决 3.1 节所述问题，本书设计了一个 CoDFS 分布式文件系统。该系统基于 HTTP 协议，采用 Web 服务形式，能够提供超大规模文件并发访问，利用中间件并依赖注入方式，提供灵活的、可扩充和置换的鉴权机制，采用 Web 静态文件访问机制，提供高效访问和流媒体实时播放机制。

CoFDS 分布式文件系统的整体结构如图 3-1 所示。

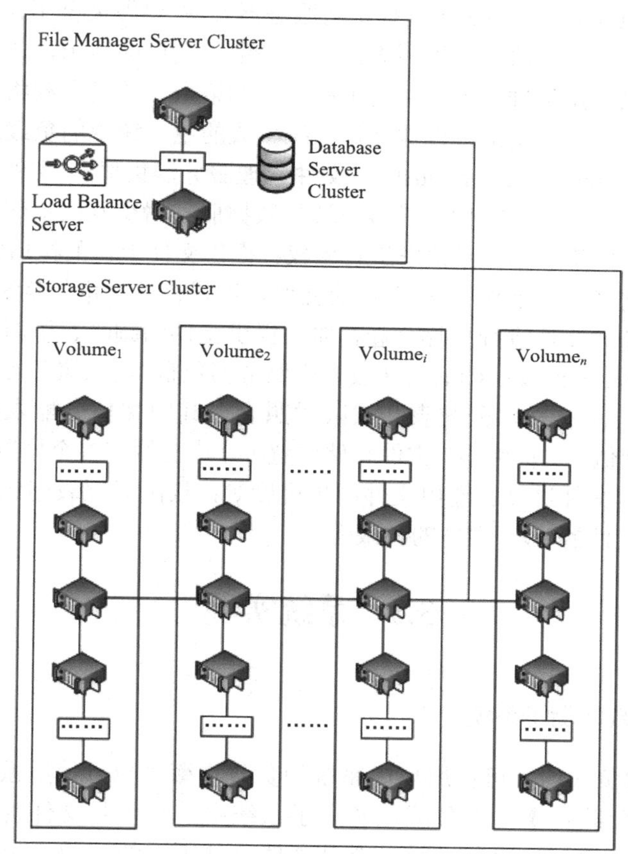


图 3-1 CoDFS 分布式文件系统的结构

CoDFS 分布式文件系统的主要组成部分如下所述。

（1）Storage Server Cluster（存储服务器集群）。集群由存储节点（文件服务器）组成。存储节点直接利用 OS 的文件系统调用管理文件，节点中的存储设备支持 RAID 技术构建具有冗余能力的磁盘阵列，也支持采用网络附属存储（Network Attached Storage，NAS）作为该节点的附属存储设备，每个节点对外提供 HTTP 静态文件访问，并支持单点登录（Single Sign On，SSO）提供的认证，通过读取数据库中心数据存储的权限，匹配用户请求进行鉴权。加入存储服务器集群的存储节点被分成若干个组，每组尽可能由共享容量相同的节点组成，这种组被命名为一个卷（Volume）。卷的容量大小取决于本卷中共享容量最小文件服务器的容量；卷内各个服务器互为备份和镜像；各个卷容量的总和即为本文件系统的容量。

（2）Load Balance Server（负载均衡服务器）。主要做调度工作，起负载均衡的作用。负载均衡中的请求分为两类：一类是上传文件的请求，该类负载将被分配到文件管理服务器集群；另一类是下载文件的请求，该类负载将被分配到存储服务器集群。这个负载均衡可以被文件系统集成的主系统中的负载均衡合并。

（3）File Manager Server Cluster（文件管理服务器集群）。文件管理服务器集群负责管理本系统存储的文件，是客户端与数据服务器交互的枢纽。文件管理服务器集群的主要职责包括：对请求进行鉴权；提供文件上传的接口和UI（支持小文件上传和大文件分片上传）；对上传的文件片进行合并，并在存储卷内同步；对多媒体文件或超大文件进行分片分卷存储；提供文件的删除、更新和共享功能。

（4）Database Server Cluster（数据库服务器集群）。该服务器集群记录本文件服务器系统的所有文件分配表和权限对照表。其中文件分配表记录了文件的ID、文件的散列值、文件大小、文件存储位置（分片文件有多个位置）、创建日期、修改日期、上传文件进度、卷内文件同步进度等；权限对照表则记录了文件的名称、所有者、文件的ID、文件的权限等。

## 3.3 系统实现

### 3.3.1 负载均衡子系统

CoDFS 的负载均衡可使用集成系统的负载均衡，也可使用系统自带的负载均衡服务器。负载均衡主要分配在两个子系统中，一个是文件管理子系统，用于控制用户文件的上传服务；另一个是文件存储子系统，用于控制用户文件的并发访问。

负载均衡（Load Balance，LB）是一种服务器或网络设备的集群技术。负载均衡将业务（网络服务、网络流量等）分配给多个服务器或网络设备，从而提高业务处理能力，保证业务的高可用性。CoDFS 独立的负载均衡子系统采用链路负载均衡，按照流量发起方向分为 Inbound（入方向）负载均衡和 Outbound（出方向）负载均衡。

1. Inbound 负载均衡[4]

Inbound 负载均衡技术是一种 DNS 智能解析。外网用户通过域名访问内部服务器时，Local DNS 的地址解析请求到达 LB 设备，LB 根据对 Local DNS 的就近探测结果响应一个最优的 IP 地址，外网用户根据这个最优的 IP 地址响应进行对内部服务器的访问。Inbound 链路负载均衡组网如图 3-2 所示。

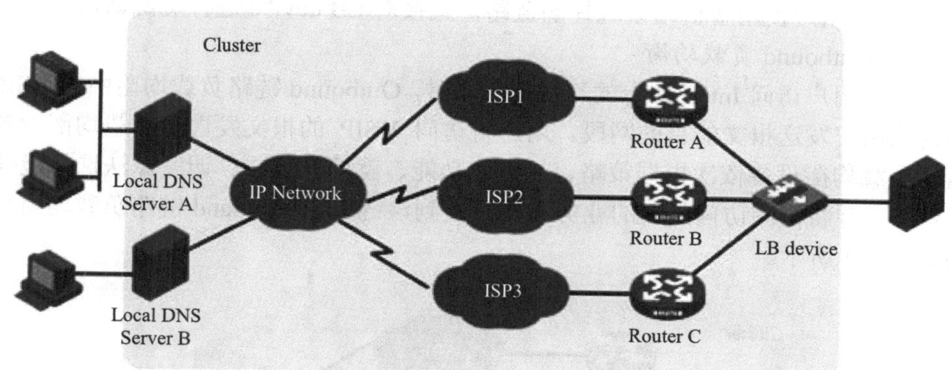


图 3-2 Inbound 链路负载均衡组网

Inbound 负载均衡报文交互流程如图 3-3 所示。

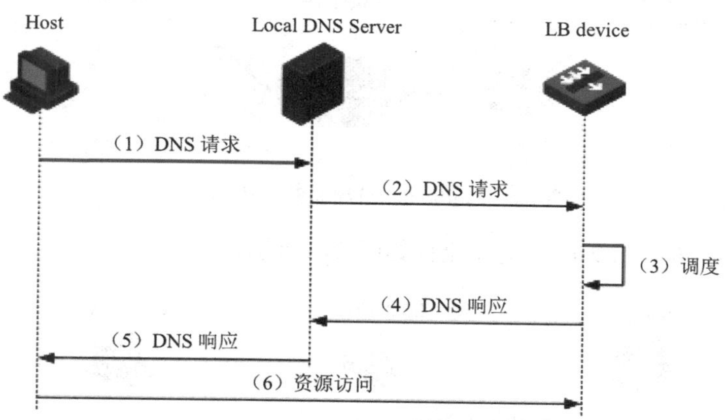


图 3-3 Inbound 负载均衡报文交互流程

下面对图 3-3 所示的简述如下。

（1）外部用户进行资源访问前，先进行 DNS 解析，向其本地 DNS 服务器发送 DNS 请求。

（2）本地 DNS 服务器将 DNS 请求的源 IP 地址替换为自己的 IP 地址，并转发给域名对应的权威服务器——LB device。

（3）LB device 根据 DNS 请求的域名和配置的 Inbound 链路负载均衡规则进行域名解析。

（4）LB device 按照域名解析的结果，将 DNS 应答发送给本地 DNS 服务器。

（5）本地 DNS 服务器将解析结果转发给用户。

（6）用户使用解析结果选择的链路，直接对 LB device 进行资源访问。

2. Outbound 负载均衡

内网用户访问 Internet 上的其他服务器时，Outbound 链路负载均衡中的 VSIP 为内网用户发送报文的目的网段。用户将访问 VSIP 的报文发送到负载均衡设备后，负载均衡设备依次根据策略、持续性功能、就近性算法、调度算法选择最佳的链路，并将内网访问外网的业务流量分发到该链路。Outbound 链路负载均衡组网如图 3-4 所示。

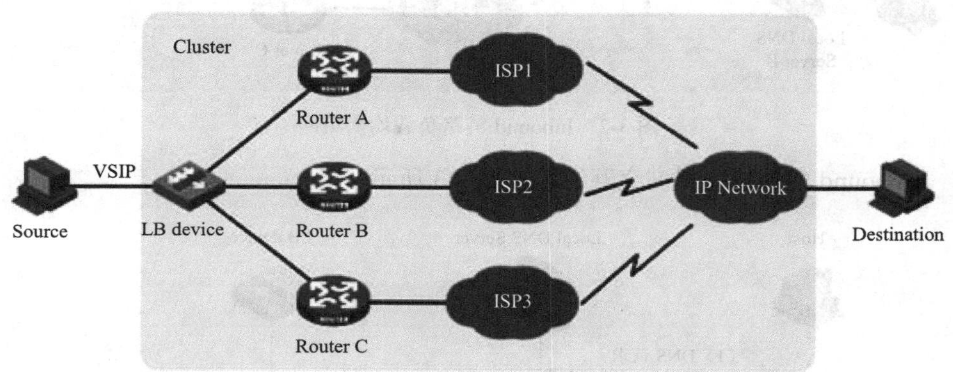


图 3-4 Outbound 链路负载均衡组网

Outbound 负载均衡报文交互流程如图 3-5 所示。

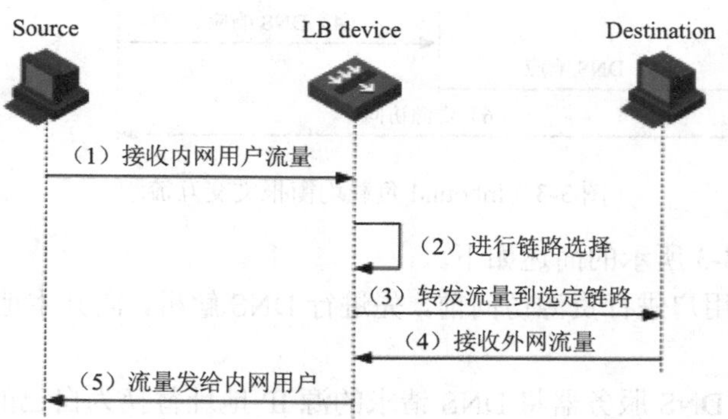


图 3-5 Outbound 负载均衡报文交互流程

图 3-5 中所示的 Outbound 负载均衡报文交互流程简述如下。

（1）LB device 接收内网用户流量。

（2）LB device 依次根据策略、持续性功能、就近性算法、调度算法进行链路选择。在 Outbound 链路负载均衡组网中，通常使用就近性算法或带宽调度算法实现流量分发。

（3）LB device 按照链路选择的结果将流量转发给选定的链路。

（4）LB device 接收外网用户流量。

（5）LB device 将流量转发给内网用户。

### 3.3.2 文件管理子系统

CoDFS 是一个典型的分布式文件系统，该文件系统管理的物理存储资源不在本地节点上，而是通过计算机网络与节点相连，各卷中间节点将本身的存储目录映射到管理服务器指定目录，因此在管理服务器上挂载有 $Vol_1$～$Vol_n$ 卷存储目录的完整映像。当用户上传文件到指定卷上时，管理服务将文件存储到映射目录。即管理服务器并没有存储空间，其存储空间是卷 $Vol_i$ 存储空间在本机的映射。但文件管理子系统有一个临时文件存储空间，用于存储用户上传文件时的临时文件或大文件的文件片，以便管理服务器在本机合成文件后再转储到指定卷的映射目录。文件管理子系统是一个小型的服务器集群，由远程访问服务器、负载均衡和数据存储矩阵组成，其结构如图 3-6 所示。

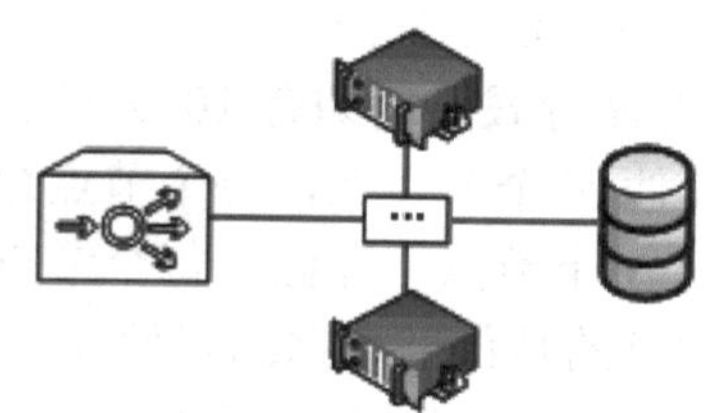

图 3-6 文件管理子系统的结构

文件管理子系统的工作原理简述如下。

1. *用户文件上传*

（1）首先在用户本地对文件进行散列计算，求文件的散列值［MD5()或哈希值］，之后将文件的上传基本信息请求和散列值发送给管理服务器。

（2）管理服务器接收到请求后，在数据库 FileInfo 表中查找 HashCode 字段是否存在用户上传的散列值。

（3）如果查找到一条记录，则表明用户上传的文件在服务器上已经存在，不用上传文件，系统直接在 FAC 表中增加一条文件记录，并将存储结果返回给用户，完成文件上传的秒级存储。

（4）如果请求上传的文件散列值不在 FileInfo 表中，说明用户上传的文件是新文件，在存储服务器上不存在该文件，则在 FileInfo 表中增加一条记录，上传文件到管理服务器的临时存储空间，再在服务器端计算文件的散列值，之后在FileInfo表中查找HashCode字段是否存在用户上传的散列值。如果存在一条记录，则表明用户进行了欺诈上传，删除FileInfo表中的记录，仍然不用上传文件，系统直接在FAC表中增加一条文件记录，并将存储结果返回给用户；如果不存在该文件，则将文件转储到存储服务器上，用FileInfo表中的UploadProgress字段记录文件上传进度，并开始进行存储服务器卷内同步，同步完成后在FAC表中增加一条文件记录，并将存储结果返回给用户。

2. 卷内文件同步

为了完成文件的快速同步，卷内文件同步采用指数分裂的方式，具体算法参照3.3.4的文件存储子系统CoDFSStorage。但是管理服务负责管理文件同步进度，用FileInfo表中的SynchronizationProgress字段记录文件同步进度，当文件同步进度未完成时，不得访问文件。

分布式文件系统的设计基于客户机/服务器模式。一个典型的网络可能包括多个供多用户访问的服务器。另外，对等特性允许一些系统扮演客户机和服务器的双重角色。例如，用户可以“发表”一个允许其他客户机访问的目录，一旦被访问，这个目录对客户机来说就像使用本地驱动器一样。

CoDFS分布式文件系统具备以下优点。

（1）灵活高效的数据存储方式。例如有1000万个数据文件，可以在一个节点存储全部数据文件，在其他$N$个节点上，每个节点存储1000万/$N$个数据文件作为备份；或者平均分配到$N$个节点上存储，每个节点上存储1000万/$N$个数据文件。采取这种存储方式的目的是保证数据的存储安全和方便获取。

（2）共享网络带宽的高速数据读取速率，包括响应用户读取数据文件的请求、定位数据文件所在的节点、读取实际硬盘中数据文件的时间、不同节点间的数据传输时间及一部分处理器的处理时间等，用户体验良好。CoDFS分布式文件系统中数据的读取速率与本地文件系统中数据的读取速率相差不大，在CoDFS分布式文件系统中各种因素的影响下，检索一个文件用时不超过2s。

（3）严格的数据安全机制。由于数据分散在各个节点中，必须采取冗余、备份、镜像等方式保证节点出现故障的情况下能够恢复数据，确保数据安全。优异的架构、无单点故障的设计、集群同步支持、信息流与数据流的分离设计、多副本机制，CoDFS从多方面保障了整个系统的高可靠性和可用性。

（4）系统具有高可扩展性。系统通过简单配置即可实现文件存储空间的扩展，可通过扩展名称服务器集群来提高名称服务器的并发性能、高性能和可靠性；支持通过增加服务器实现高并发、大存储量、大吞吐量，且有效避免单点故障；可通过增加副本文件来实现存储服务器的I/O吞吐量扩展，由于文件存在多项副本，支持多项副本存储在不同城市的数据服务器中，以实现各地快速访问文件目的。

### 3.3.3 数据库子系统

为了实现数据的读取访问、权限控制、文件共享等，文件的基本信息与控制信息存放在数据库中，而非链式文件中。当文件系统遭遇超大规模并发访问时，单个数据库系统将无法承受高并发情况下的请求压力，为此，系统采用了一个小型的数据库集群系统，提供用户对文件系统的访问和权限控制功能，其结构如图 3-7 所示。

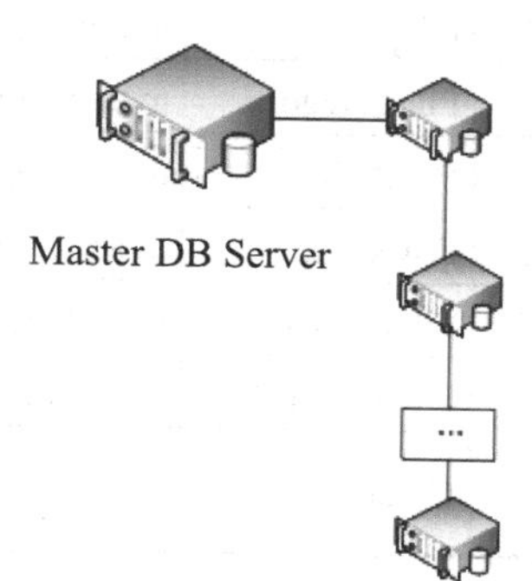


图 3-7 数据库子系统的结构

该数据库子系统由一个主数据库服务器（Master DB Server）和若干个从数据库服务器组成，针对系统的访问规模，一般情况下，“一主三从”即可支持百万级的并发访问。当访问量增加时，可采用继续增加从服务器来提高并发访问能力。当用户提出创建或修改文件时，其访问在主服务器上完成，由主数据库系统自动完成主、从服务器的数据同步；而用户文件的读取访问操作则在从服务器完成。由于在系统应用中，文件的访问操作次数要远远多于文件的上传和修改操作，因此，系统采用多个从数据服务器，以应对超大规模并发访问。

在数据库系统中存在两个表，用于记录文件信息，见表 3-1 和表 3-2。

表 3-1 FileInfo 表

| 序号 | 字段名 | 类型 | 显示名称 | 说明 |
|---|---|---|---|---|
| 1 | Id | int Key | | 自增长列，用于唯一标识文件 ID |
| 2 | Guid | nvarchar(128) | 唯一标识符 | 由算法生成的二进制长度为 128 位的数字标识符 |
| 3 | HashCode | nvarchar(128) | 文件散列码 | 标准的 MD5()函数生成的是 128 位的 |
| 4 | FileSize | int | 文件大小 | |
| 5 | FilePath | nvarchar(128) | 存储路径 | 文件在服务器系统中存储的路径 |
| 6 | CipherCode | nvarchar(128) | 文件密钥 | 文件需要加密存储时的密钥 |
| 7 | UploadProgress | nvarchar(128) | 上传进度 | 文件上传进度，由 JSon 串描述 |
| 8 | Synchronization Progress | nvarchar(128) | 同步进度 | 文件同步进度，由 JSon 串描述 |
| 9 | CreateOn | datetime | 创建时间 | 由于多人共享文件，只支持创建 |

表 3-2　FAC 文件权限控制表

| 序号 | 字段名 | 类型 | 显示名称 | 说明 |
|---|---|---|---|---|
| 1 | Id | int Key | | 自增长列，唯一标识用户文件 ID |
| 2 | FileId | int foreign key | 文件 ID | FileInfo 外键约束 |
| 3 | FileName | nvarchar(256) | 文件名称 | 用户为自己的文件命的名 |
| 4 | FileCategory | nvarchar(8) | 文件分类 | 用户为自己的文件分的类 |
| 5 | FilePath | nvarchar(128) | 存储路径 | 用户为自己文件创建的存储路径 |
| 6 | FACCode | nvarchar(128) | 访问控制 | 文件访问控制权限码 |
| 7 | FileOwner | nvarchar(128) | 隶属用户 | 用户名，用于区分隶属文件 |
| 8 | SharePath | nvarchar(128) | 共享路径 | 共享文件后的路径 |
| 9 | UpdateOn | datetime | 修改时间 | 由于多人共享文件，只支持创建，更新文件是创建文件的副本 |

### 3.3.4　文件存储子系统 CoDFSStorage

CoDFSStorage 子系统由若干存储节点组成存储集群。其结构如图 3-8 所示。

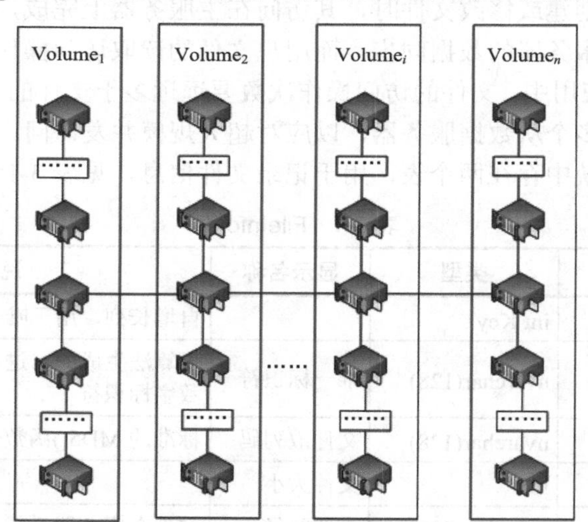


图 3-8　CoDFSStorage 子系统的结构

（1）存储容量（MB）。系统的存储容量 $C$ 为

$$C=\sum_{i=1}^{n} C_i \tag{3-1}$$

式中，$C_i$ 为卷 $\mathrm{Vol}_i$ 的存储容量（MB）。$\mathrm{Vol}_i$ 的存储容量取决于该卷中最小单个服务器的容量，则 $C_i$ 为

$$C_i = \mathrm{Min}(\{C_j \mid C_j \in C_{\mathrm{vol}_i}\}) \tag{3-2}$$

式中，$C_{\mathrm{vol}_i}$ 是第 $i$ 卷各节点 $\mathrm{Node}_j$ 存储容量的集合。而节点 $\mathrm{Node}_j$ 的存储容量取决于该节点所携带的存储设备的容量。单个节点可以采用磁盘组成磁盘阵列，以提高节点的安全性或系统，如采用 RAID0 或 RAID1 技术；也可以采用 NAS 作为节点 $\mathrm{Node}_j$ 的存储媒质。

（2）卷内文件同步。当用户通过管理服务器上传文件到指定卷的某个节点后，需要对卷内节点进行同步。同步算法如图 3-9 所示。

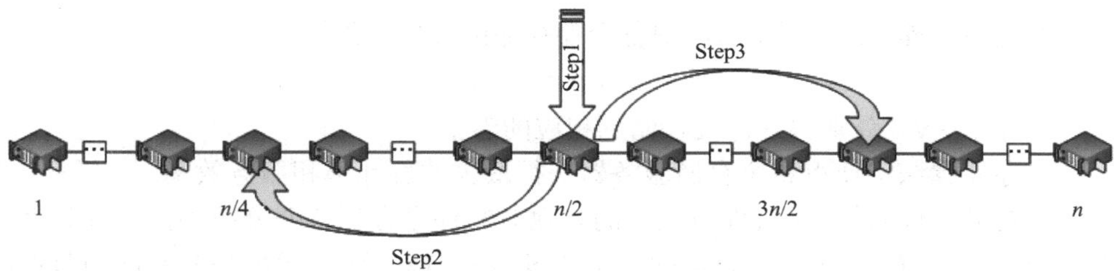


图 3-9　同步算法

首次同步，计算求解 $n/2$ 节点，$n/2$ 节点存在吗？存在做如下同步，不存在转 Step3。管理服务器在接收上传文件时，第一步（即图中的 Step1）将文件传至指定 $\mathrm{Vol}_i$ 的 $n/2$ 节点上，$n/2$ 为整除运算。文件上传完毕后，需要做第二步同步，即图中的 Step2，这一步将文件同步到 1 至 $n/2$ 的中间节点 $n/4$ 上。文件同步完毕后，需要做第三步同步，即图中的 Step3，这一步将文件再次同步到 $n/2$ 至 $n$ 的中间节点 $3n/2$ 上，这一步同步完毕后，完成第一次同步。更新数据库文件，第 $i$ 步同步完成 100%，首次则 $i$=1。

$n/4$ 和 $3n/2$ 节点存在吗，存在则按照首次同步算法，依次同步到 $n/4$ 和 $3n/2$ 节点；不存在则转 Step3。

有剩余节点吗？有则转 Step1，否则转 Step4。

文件同步结束，更新数据库文件记录为同步完毕 100%。

每同步一次，卷内集群同步服务器的数量规模增大一倍，其同步速度也以倍数的方式递增。当 $n$ 次同步后，服务器数目 $a_n$ 为

$$a_n = 2^{n-1} \tag{3-3}$$

在第 $n$ 次同步后，已完成数据同步的服务器总数 $S_n$ 为

$$S_n = 2^n - 1 \tag{3-4}$$

（3）大文件跨卷存储。以一部时长为 120min 的视频文件为例，若将该文件存储在一个卷上，在负载均衡时提供的服务器数量等于该卷卷内的节点数，当该

文件被超大规模访问时，其他卷卷内服务器节点相对于本文件处于空闲状态。为了获得硬件的最大服务效率和最佳的用户体验，需要将该大文件分片，将各个片分散存储在各卷上。

文件分片可采用如下算法。

给定固定最小片大小 $Size_{Slice}=m$MB。

计算文件总片数 $N$：

$$N=Size_{File}/Size_{Slice}+Size_{File}\%Size_{Slice} \tag{3-5}$$

式中，/为整除运算；%为求模运算。

设定系统提供的卷数为 $n$，则各个卷存储的文件片为

$$S_i=\{s \mid s\in S_{i\%}\} \tag{3-6}$$

循环 1～$N$，分别将各片块存储到相应的卷上。

该存储算法将使得整个存储服务器获得最大的吞吐率和服务效率。

以视频文件为例，系统件按照卷的总数对文件进行划片并分散存储在各卷上，当第一轮用户访问时间 $t$=1 时刻的数据片时，用户被负载均衡在 $Vol_1$ 卷内的节点，本轮用户在访问 $Vol_1$ 卷上的数据块。

在 $t$=2 时刻，第二轮用户再次访问该文件，本轮用户将再次被负载均衡在 $Vol_1$ 卷内的节点。而此时 $t$=1 时刻的用户群已经消费完毕数据片 S1，他们将请求数据片 S2，负载均衡则将第一轮用户分配在 $Vol_2$ 卷内的节点。依此类推，存储节点内各卷依次被启动，完成该数据文件的对外服务，达到最佳的服务效率和最大的吞吐率。

为了给高性能 Web 系统中的静态文件提供存储空间，本书研发了一个分布式文件存储系统，其特征如下所述。

（1）支持超大文件。通常 FAT32 文件系统的最大单一文件容量为 4GB；NTFS 文件系统最大单一文件容量为 64GB；EXT3 文件系统最大单一文件容量为 16GB；EXT4 文件系统增加了 48 位块地址，最大支持单个文件容量为 16TB。为了解决操作系统本身固有文件系统对文件容量的约束，本书设计了一种分卷存储算法，对文件进行分片存储，突破了文件系统对文件容量的限制。

（2）超大规模并发访问下的混合型负载均衡策略。单个文件访问的负载均衡问题，可采用较成熟的 DNS 负载均衡、反向代理负载均衡、HTTP 重定向负载均衡、NAT 负载均衡等负载均衡服务实现。本书中，由于采用大型网络的多个服务器群内硬件设备、各自的规模、提供的服务等存在差异，因此设计了一种混合型负载均衡策略，从而使每个服务器群可采用最合适的负载均衡方式，然后在多个服务器群间再次负载均衡或群集起来，以一个整体向外界提供服务（即把多个服务器群当作一个新的服务器群），从而达到最佳性能。流媒体文件负载均衡策略方

案解决了单一媒体热度过高、访问规模超大导致的失响和卡顿等现象。

（3）基于HTTP协议的Web侦听服务替代了FTP和TCP侦听等方式。为了提高服务器的响应能力、减少硬件负荷，本书各卷中的服务器统一采用HTTP协议，以适合负载均衡访问策略。但管理服务提供两种以上的访问协议，以便与其他的系统进行系统集成。

（4）基于散列技术的文件共享存储和基于中间件的文件存储保护。文件系统必须提供共享和保护文件功能。本书设计了一种文件共享机制，从而保证相同的不同的用户共享文件。由于只存储一份文件，节省了服务器存储空间。采用散列技术以保证文件的唯一性，各用户可对此文件拥有不同的命名和不同的访问控制权限，并通过中间件鉴权机制完成文件系统的访问控制。

然而，系统的访问性能瓶颈严重依赖于网络硬件环境，因此进一步优化网络结构和数据交换机制是下一步研究的重点。

# 第 4 章　高性能数据库集群技术

## 4.1　高性能数据库集群：读写分离

高性能数据库集群方案采用的是读写分离技术。其目的在于将访问压力分散到集群中的多个节点，减轻高并发现的访问压力，但不分散存储压力[5]。

1. 读写分离的基本架构

读写分离的基本架构如图 4-1 所示。该架构为“一主多从”或者“一主一从”，主节点负责读写操作，从节点负责读操作。

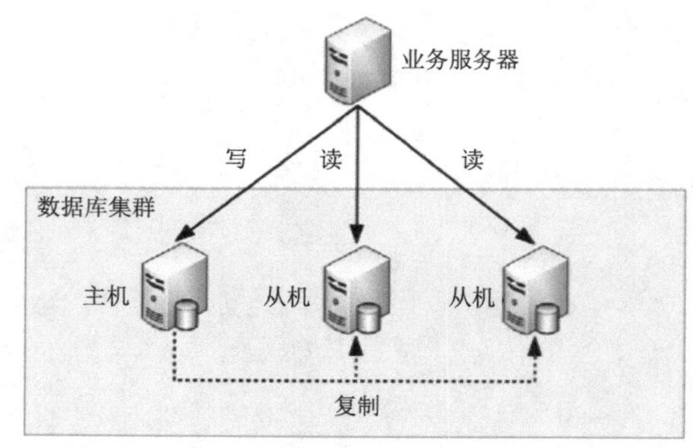


图 4-1　读写分离的基本架构

2. 主从分离的实现

数据库搭建主从集群，“一主多从”或者“一主一从”。主机负责读写操作，从机负责读操作。主机通过复制将数据同步到从机，从而保证每个数据库数据的一致性。

3. 主从同步的具体原理

将主机的数据复制到多个从机中。同步过程中，主机将数据库的操作写到二进制日志（Binary Log）中，从机打开一个 I/O 线程，打开与主机的连接，并将主机的更新日志写入从机的中继日志中，从机开一个 SQL 线程，读取中继日志中的数据并更新，从而保证数据的主从数据一致。

为了数据库具有高性能，引入了主从分离，但是往往在做架构时为提高系统的高性能、高可用等引入一些操作，增大系统的复杂度。主从的实现不是难点，难点在于引入主从后，由于增大的复杂度而需要提供相应的解决方案。

4. 读写分离的负责度

读写分离增大了主从复制延迟和分配机制两个复杂度。

（1）主从复制延迟。以 MySQL 为例，主从复制延迟可能达到 1s，如果有大量数据同步，延迟 1min 也是有可能的。主从复制延迟会带来一个问题：业务服务器将数据写入数据库主服务器并立刻进行读取，但此时进行读操作访问的是从机，而主机还没有将数据复制到从机，所以此时查询会有问题（比如用户刚进行注册，但是登录时系统却说无此用户）。

对主从复制延迟问题有以下两种解决方案。

1）根据业务来区分，关键业务的读写全部指向主机，非关键业务采用读写分离。

2）加入 Redis，将 Redis 中数据的过期时间设置为主从延迟的时间，当进行访问时，若 Redis 中有数据，则说明主从同步未完成；若 Redis 中无数据，则说明主从同步已完成。

（2）分配机制。如何实现读写分离呢？如何知道读取哪个数据库呢？一般有两种方式：程序代码封装和中间件封装。

程序代码封装是指在代码中抽象出数据访问层，实现读写操作分离和数据库服务器连接的管理，如图 4-2 所示。

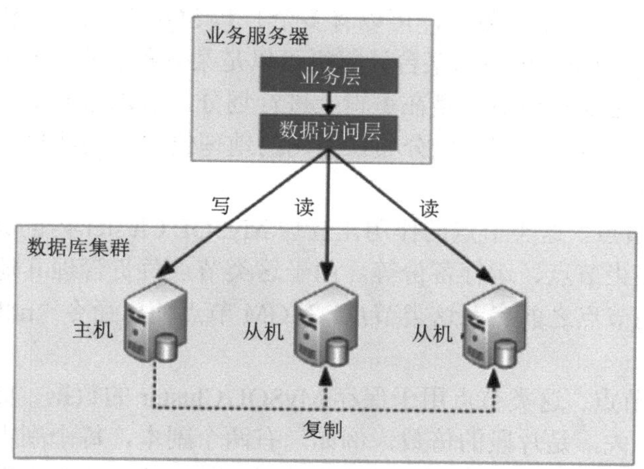


图 4-2 程序代码封装

程序代码封装的特点如下所述。

1）实现简单，而且可以根据业务提供做较多定制化的功能。

2）每个编程语言都需要自己实现一次，无法通用。如果一个业务包含多个编程语言写的多个子系统，则重复开发的工作量比较大。

3）出现故障时，如果主从发生切换，则所有系统可能都需要修改配置并重启。

## 4.2 MySQL Cluster（分布式数据库集群）的搭建

### 4.2.1 概述

1. 分布式数据库集群

MySQL Cluster技术在分布式系统中为MySQL数据提供了冗余特性，增强了安全性，使得单个MySQL服务器故障不会对系统产生巨大的负面影响，系统的稳定性得到了保障。MySQL Cluster采用shared-nothing（无共享）架构，主要利用NDB存储引擎来实现。NDB存储引擎是一个内存式存储引擎，要求数据必须全部加载到内存之中。数据被自动分布在集群中的不同存储节点上，每个存储节点只保存完整数据的一个分片。同时，用户可以设置同一份数据保存在多个不同的存储节点上，以保证单点故障不会造成数据丢失。

MySQL Cluster需要一组计算机，要用到MySQL Cluster安装包，要将其安装在集群中的每台计算机上，只是每台计算机的角色可能不同。MySQL Cluster按照节点类型可以分为3类：管理节点（MGM，对其他节点进行管理）、数据节点（NDB，存放Cluster中的数据，可以有多个）和SQL节点（存放表结构，可以有多个）。MySQL Cluster中的某台计算机可以是某一种节点，也可以是2种或3种节点的集合。这3种节点只是在逻辑上进行划分，所以它们不一定与物理计算机一一对应。多个节点之间可以分布在不同的地理位置，因此也是一个实现分布式数据库的方案。

（1）管理节点。这类节点的作用是管理MySQL Cluster内的其他节点，如提供配置数据、停止节点、运行备份等。由于这类节点负责管理其他节点的配置，应该在启动其他节点之前启动这类节点。MGM节点使用命令“ndb_mgmd”进行启动。

（2）数据节点。这类节点用于保存MySQL Cluster的数据。数据节点的数量与副本的数目有关，是片段的倍数。例如，有两个副本，每个副本有两个片段，那么就有4个数据节点。没有必要设定过多的副本，在NDB中数据会尽量保存在内存中。数据节点使用命令“ndbd”启动。

（3）SQL节点。这是用来访问MySQL Cluster数据的节点。对于MySQL Cluster，客户端节点是使用NDB Cluster存储引擎的传统MySQL服务器。通常

SQL 节点使用命令“mysqld –ndbcluster”启动，或将“ndbcluster”添加到“my.cnf”后使用“mysqld”启动。

MySQL Cluster 的数据更新使用“读已提交隔离级别”（Read Committed Isolation）来保证所有节点数据的一致性，使用两阶段提交机制（Two Phased Commit）来保证所有节点都有相同的数据（如果任何一个写操作失败，则更新失败）。

MySQL Cluster 的具体同步复制步骤如下所述。

（1）Master 执行提交语句时，事务被发送到 Slave，Slave 开始准备事务的提交。

（2）每个 Slave 都要准备事务，然后向 Master 发送 OK 或 ABORT 消息，表明事务已经准备好或者无法准备该事务。

（3）Master 等待所有 Slave 发送 OK 或 ABORT 消息，如果 Master 收到所有 Slave 的 OK 消息，就会向所有 Slave 发送提交消息，告诉 Slave 提交该事务；如果 Master 收到来自任何一个 Slave 的 ABORT 消息，就向所有 Slave 发送 ABORT 消息，通知 Slave 中止事务。

（4）每个 Slave 等待来自 Master 的 OK 或 ABORT 消息。如果 Slave 收到提交请求，就会提交事务，并向 Master 发送事务已提交的确认；如果 Slave 收到取消请求，就会撤销所有改变并释放占有的资源，从而中止事务，然后向 Master 发送事务已中止的确认。

（5）Master 收到来自所有 Slave 的确认后，就会报告该事务被提交或被中止，然后继续进行下一个事务处理。

由于一个同步复制一共需要 4 次消息传递，故 MySQL Cluster 的数据更新速度比单机 MySQL 慢，所以要求 MySQL Cluster 运行在千兆以上的局域网内，节点可以采用双网卡，节点组之间采用直连方式。

2. 数据库的分布式和主从的区别

主从：主从机器上安装 MySQL Community（普通版）即可。

主从并没有像集群那样分三种节点，只有主和从两种，而且主从之间通过 MySQL 的 replication 方式来保证数据的一致性。相对 MySQL Cluster 的数据同步方式来说是异步的。

主从复制过程中，若从数据库中出现一条数据同步失败（即 relay log 中的语句有一条写操作语句执行失败）的消息，则后面的数据无法继续同步（relay log 中后面的写操作语句无法继续执行下去），必须解决或跳过这个执行失败的语句（需要人为操作），这样就不能保证所有从数据库的数据一致。MySQL Cluster 则不然，若其中一个节点的写操作失败，则其他所有节点均针对该同步更新失败，以保证所有节点的数据一致性[6]。主从分离如图 4-3 所示。

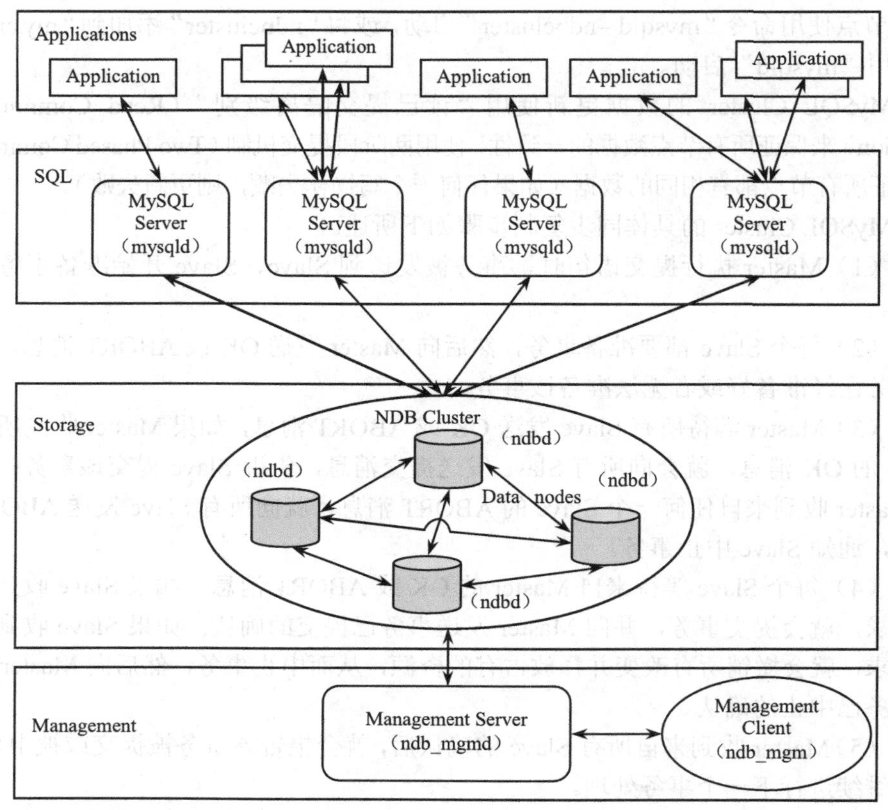


图 4-3 主从分离

## 4.2.2 环境说明

### 1. 系统环境

系统环境见表 4-1。

表 4-1 系统环境

| 服务器 IP 地址 | 角色 | 说明 |
|---|---|---|
| 192.168.1.100 | 管理节点（MGM） | 系统 CentOS 7 64 位 |
| 192.168.1.101 | 数据节点（NDB） | 系统 CentOS 7 64 位 |
| 192.168.1.102 | 数据节点（NDB） | 系统 CentOS 7 64 位 |
| 192.168.1.103 | SQL 节点 | 系统 CentOS 7 64 位 |
| 192.168.1.104 | SQL 节点 | 系统 CentOS 7 64 位 |

2. 软件环境

MySQL Cluster 集群版本为 mysql-cluster-gpl-7.6.7-linux-glibc2.12-x86_64.tar.gz，可到官网 https://dev.mysql.com/downloads/cluster/下载。

### 4.2.3 安装 MySQL Cluster

所有服务器均需执行以下操作。

**注意：**在安装 MySQL Cluster 之前，必须先检查该服务器上是否已安装普通 MySQL，若已安装，则需先删除干净 MySQL，因为 MySQL Cluster 包括了普通版的 MySQL。

在安装管理节点、数据节点和 SQL 节点时，因为一些步骤需要用到 sudo 命令来执行，所以最好以 root 用户登录。

```
#上传到服务器目录/usr/softwares 并解压
tar -xzvf mysql-cluster-gpl-7.6.7-linux-glibc2.12-x86_64.tar.gz

#将解压的文件重命名为 mysql，并放到/usr/local/目录下
mv mysql-cluster-gpl-7.6.7-linux-glibc2.12-x86_64 /usr/local/mysql
```

### 4.2.4 配置安装管理节点

在服务器 192.168.1.100 上执行以下操作（管理节点的防火墙端口开放，默认是 1186）。

1. 复制命令

```
#将文件 ndb_mgm 和 ndb_mgmd 复制到/usr/local/bin/目录下
cp /usr/local/mysql/bin/ndb_mgm* /usr/local/bin/

#ndb_mgm，ndb 客户端命令
#ndb_mgmd，ndb 管理节点启动命令
#ndb_mgm 是 ndb_mgmd（MySQL Cluster Server）的客户端管理工具，通过它可以方便地
检查 Cluster 的状态、启动备份、关闭 Cluster 等
```

2. 配置文件

```
#创建数据库集群配置文件的目录
mkdir /var/lib/mysql-cluster

#创建并编辑配置文件
vim /var/lib/mysql-cluster/config.ini

[ndbd default]
```

```
NoOfReplicas=1
DataMemory=200M
IndexMemory=20M

[ndb_mgmd]
NodeId=1
hostname=192.168.1.100
datadir=/var/lib/mysql-cluster/

[ndbd]
NodeId=2
hostname=192.168.1.101
datadir=/usr/local/mysql/data/
[ndbd]
NodeId=3
hostname=192.168.1.102
datadir=/usr/local/mysql/data/

[mysqld]
NodeId=4
hostname=192.168.1.103
[mysqld]
NodeId=5
hostname=192.168.1.104
```

[NDBD DEFAULT]：表示每个数据节点的默认配置，在每个节点的[NDBD]中不用再写这些选项，只能有一个。

[NDB_MGMD]：表示管理节点的配置，只能有一个，默认对其他节点的端口是 1186，故服务器需要开放 1186 端口。

[NDBD]：表示每个数据节点的配置，可以有多个，分别写上不同数据节点的 IP 地址。

[MYSQLD]：表示 SQL 节点的配置，可以有多个，分别写上不同 SQL 节点的 IP 地址。

3. *启动管理节点*

```
ndb_mgmd -f /var/lib/mysql-cluster/config.ini --initial
```

ndb_mgmd 是 MySQL Cluster 的管理服务器；-f 表示其后面的参数是启动的参数配置文件。如果在启动后又添加了一个数据节点，此时修改配置文件启动时就必须加上--initial 参数，否则添加的节点不会作用在 MySQL Cluster 中。

### 4.2.5 配置安装数据节点

分别在服务器 192.168.1.101 和 192.168.1.102 上执行以下操作。注意数据节点的端口开放问题，最好关闭防火墙，虽然之前版本的默认端口号时 2202，但是 5.1 版本之后的端口号没有限制（看哪个端口空闲就用哪个端口），即与 SQL 节点通信的端口号会随机变换。若不关闭防火墙，后面在管理节点查看集群状态时，可能会出现 MySQL 节点总连接不上的问题。

1. 配置 my.cnf 文件

MySQL 服务启动时会默认加载/etc/my.cnf 作为配置文件，故需要修改/etc/my.cnf 配置文件。

```
mysqld]
datadir=/usr/local/mysql/data
basedir=/usr/local/mysql
character_set_server=utf8

[mysqld_safe]
log-error=/var/log/mysqld.log
pid-file=/var/run/mysqld/mysqld.pid

[mysql_cluster]
ndb-connectstring=192.168.1.100:1186
```

2. 安装 MySQL 数据库

（1）更改权限。

```
#分别添加 mysql 组和 mysql 用户
groupadd mysql
useradd mysql -g mysql

#进入 mysql 目录
cd /usr/local/mysql/

#把 mysql 的目录设置成所有者为 root
chown -R root .

#创建 data 目录，并把 data 目录设置所有者为 mysql
mkdir data
chown -R mysql data
```

```
#把 mysql 的目录改成所属组为 mysql
chgrp -R mysql
```

（2）执行安装脚本，初始化数据库。如果安装的版本与本书中安装的不同，数据库初始化的命令是不同的，很多之前的版本会使用 scripts/mysql_install_db_user=mysql 来初始化，它已经被本书使用的 MySQL 版本废弃，所以需要使用下面的命令安装。如果需要安装其他版本，请参考 MySQL 官网相应版本的安装命令。

```
#执行安装脚本，初始化数据库
./bin/mysqld --initialize --user=mysql --basedir=/usr/local/mysql/ --datadir=/usr/local/mysql/data/

#注意用户为 mysql 的名称需要与配置文件 my.cnf 中的 user=mysql 相同
#另外，一定要加上--basedir=/usr/local/mysql/ --datadir=/usr/local/mysql/data/
#否则最后启动 MySQL 服务时会出现“table mysql.plugin doesn't exist”，“Can\'t open the mysql.plugin table. Please run mysql_upgrade to create it.”错误及“PID”获取失败的错误
```

运行结果如图 4-4 所示。

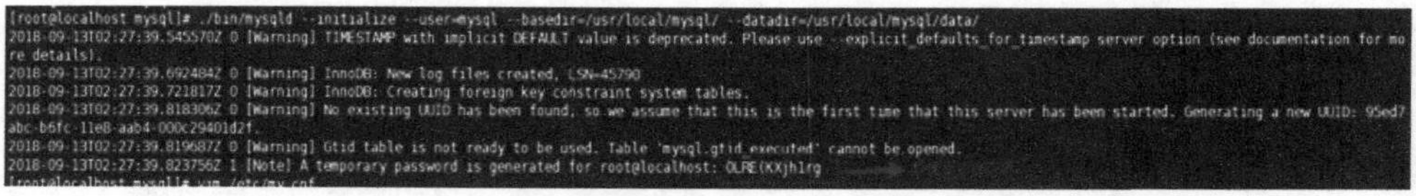

```
[root@localhost mysql]# ./bin/mysqld --initialize --user=mysql --basedir=/usr/local/mysql/ --datadir=/usr/local/mysql/data/
2018-09-13T02:27:39.545570Z 0 [Warning] TIMESTAMP with implicit DEFAULT value is deprecated. Please use --explicit_defaults_for_timestamp server option (see documentation for more details).
2018-09-13T02:27:39.692484Z 0 [Warning] InnoDB: New log files created, LSN=45790
2018-09-13T02:27:39.721817Z 0 [Warning] InnoDB: Creating foreign key constraint system tables.
2018-09-13T02:27:39.818306Z 0 [Warning] No existing UUID has been found, so we assume that this is the first time that this server has been started. Generating a new UUID: 95ed7abc-b6fc-11e8-aab4-000c29401d2f.
2018-09-13T02:27:39.819687Z 0 [Warning] Gtid table is not ready to be used. Table 'mysql.gtid_executed' cannot be opened.
2018-09-13T02:27:39.823756Z 1 [Note] A temporary password is generated for root@localhost: OLRE(KXjh1rg
```

图 4-4　运行结果

（3）设置 MySQL 服务开机自启动。

```
cp support-files/mysql.server /etc/init.d/mysqld
chmod +x /etc/init.d/mysqld
chkconfig --add mysqld
```

查询是否启动成功的命令如下：

```
chkconfig –list
```

查询是否启动成功的结果如图 4-5 所示。

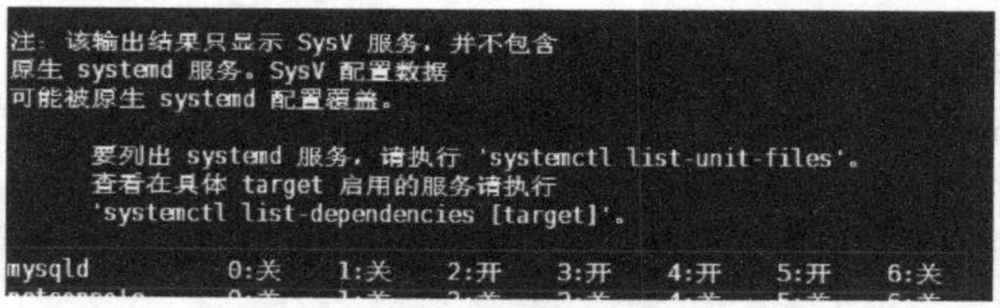

```
注：该输出结果只显示 SysV 服务，并不包含
原生 systemd 服务。SysV 配置数据
可能被原生 systemd 配置覆盖。

      要列出 systemd 服务，请执行 'systemctl list-unit-files'。
      查看在具体 target 启用的服务请执行
      'systemctl list-dependencies [target]'。

mysqld          0:关    1:关    2:开    3:开    4:开    5:开    6:关
```

图 4-5　查询是否启动成功的结果

（4）修改数据库密码。

```
#启动数据库
[root@localhost bin]# service mysqld start
```

```
#进入客户端
[root@localhost bin]# ./mysql -uroot -p
Enter password:这里输入之前的临时密码

#修改密码
mysql> set password=password('新密码');

#注意此密码必须与其他服务器上的数据库设置的密码相同
```

3. 启动数据节点

```
cd /usr/local/mysql
./bin/ndbd --initial

#非第一次启动，命令如下
./bin/ndbd
```

安装后，第一次启动数据节点时要加上--initial参数，在之后的启动过程中不能添加该参数，否则ndbd程序会清除之前建立的所有用于恢复的数据文件和日志文件。

### 4.2.6 配置安装SQL节点

分别在服务器192.168.1.103和192.168.1.104上执行以下操作。

1. 配置my.cnf文件

MySQL服务启动时会默认加载/etc/my.cnf作为配置文件，故需要修改/etc/my.cnf配置文件。

```
[mysqld]
ndbcluster
datadir=/usr/local/mysql/data
basedir=/usr/local/mysql
character_set_server=utf8
default-storage-engine=ndbcluster
port=3306

[mysqld_safe]
log-error=/var/log/mysqld.log
pid-file=/var/run/mysqld/mysqld.pid
```

```
[mysql_cluster]
ndb-connectstring=192.168.1.100:1186
```

default-storage-engine=ndbcluster，表示数据库建表时的默认引擎为ndbcluster，否则数据同步失败。

2. 安装MySQL数据库

安装MySQL数据库的方法详见4.2.5。

3. 启动SQL节点

启动SQL节点其实就是启动MySQL服务。

```
service mysqld start
```

### 4.2.7 测试

1. 用管理节点查看

```
ndb_mgm

ndb_mgm> show
Cluster Configuration
---------------------
[ndbd(NDB)] 2 node(s)
id=2    @192.168.1.101  (mysql-5.7.23 ndb-7.6.7, Nodegroup: 0, *)
id=3    @192.168.1.102  (mysql-5.7.23 ndb-7.6.7, Nodegroup: 1)

[ndb_mgmd(MGM)] 1 node(s)
id=1    @192.168.1.100  (mysql-5.7.23 ndb-7.6.7)

[mysqld(API)]   2 node(s)
id=4    @192.168.1.103  (mysql-5.7.23 ndb-7.6.7)
id=5    @192.168.1.104  (mysql-5.7.23 ndb-7.6.7)
```

证明mysql cluster启动成功！

2. 测试数据

连接任意一个SQL节点，在此SQL节点上进行创建数据库、创建表结构、增删改等操作时，在其他的SQL节点上会同步这些操作，使数据保持一致。

（1）在SQL节点192.168.1.104上进行操作。

```
#登录数据库
cd /usr/local/mysql
./bin/mysql -uroot -p
```

```
Enter password:输入密码

#创建数据库 mytest
mysql> create database mytest;

#切换到 mytest 数据库
mysql> use mytest;

#创建表结构 sys_myfirst
mysql> create table sys_myfirst(id varchar(36) primary key, name varchar(100), memo
varchar(255));

#在 sys_myfirst 中添加几条数据
mysql> insert into sys_myfirst(id, name, memo) values('1','U01','Consumer!');
mysql> insert into sys_myfirst(id, name, memo) values('2','U02','Customer!');
mysql> insert into sys_myfirst(id, name, memo) values('3','U01','VIP!');

#查看数据
mysql> select * from sys_myfirst;
+----+-------+------------------+
| id | name  | memo             |
+----+-------+------------------+
| 2  | U02 | Customer! |
| 1  | U01 | Consumer!         |
| 3  | U03 | VIP! |
+----+-------+------------------+
3 rows in set (0.00 sec)
```

（2）在 SQL 节点 192.168.1.103 上查看数据。

```
#这里省去登录 mysql 客户端的步骤
#查看数据
mysql> select * from sys_myfirst;
+----+-------+------------------+
| id | name  | memo |
+----+-------+------------------+
| 1  | U01 | Consumer! |
```

```
| 3    | U03 | VIP! |
| 2    | U02 | Customer! |
+----+-------+-------------------+
3 rows in set (0.00 sec)
```

测试成功！每次查找出来的数据顺序不同，因为查找的数据是两个数据库来回切换的。

### 4.2.8 启动和停止集群

启动顺序：管理节点→数据节点→SQL 节点。

停止顺序：管理节点（会同时停止管理节点和数据节点）→SQL 节点。

以上是他人观点，根据作者的实践经验，其实 SQL 节点可以一直保持启动状态（即使管理节点停止了也没有关系，下次启动时会自动连接上此 SQL 节点），只要第一次启动时遵循上述顺序即可。

1. 停止管理节点

停止管理节点的同时，停止其管理的所有数据节点。

```
#第一种方法
ndb_mgm -e shutdown

#第二种方法
ndb_mgm
ndb_mgm> shutdown;
```

2. 停止 SQL 节点

停止 SQL 节点其实就是停止 MySQL 服务。

```
service mysqld stop
```

到这里，就完成了 MySQL Cluster 的简单搭建。不知道读者是否发现一个问题：因为管理节点、数据节点和 SQL 节点都是分开的，所以在部署数据节点时，并不用安装 MySQL 数据库和开启 MySQL 服务，但如何确定在 SQL 节点上操作的数据并不是 SQL 节点上的数据，而是数据节点上的数据呢？

作者阅读了很多网上的资料，这些资料都认为数据就是存在数据节点，但实际上到数据节点上去找那些曾在 SQL 节点上操作的数据时并没有找到，反而可以在 SQL 节点上找到这些数据。那么数据库集群的数据到底存储在哪里呢？

原来可以在数据节点上通过 lsof -c ndb 命令（以 root 身份运行）来找出包含 ndb 进程的所有打开的文件，发现其真正存储数据的位置在 mysql/data/ndb_3_fs/下面(3 表示 config.ini 的节点 id)，各文件夹中的文件是以 16.7MB 为单位存储的，临时文件达到 16.7MB 后就另新建一个文件。lsof -c ndb 命令如图 4-6 所示。

```
[root@localhost data]# lsof -c ndb
COMMAND  PID USER   FD      TYPE             DEVICE SIZE/OFF     NODE NAME
ndbd    1664 root  cwd       DIR              253,0       60 38004942 /usr/local/mysql/data
ndbd    1664 root  rtd       DIR              253,0      224       64 /
ndbd    1664 root  txt       REG              253,0 41023080      305 /usr/local/mysql/bin/ndbd
ndbd    1664 root  mem       REG              253,0  2173512    46546 /usr/lib64/libc-2.17.so
ndbd    1664 root  mem       REG              253,0    88776   561689 /usr/lib64/libgcc_s-4.8.5-20150702.so.1
ndbd    1664 root  mem       REG              253,0  1139680    46554 /usr/lib64/libm-2.17.so
ndbd    1664 root  mem       REG              253,0   991616    73573 /usr/lib64/libstdc++.so.6.0.19
ndbd    1664 root  mem       REG              253,0    44448    46576 /usr/lib64/librt-2.17.so
ndbd    1664 root  mem       REG              253,0    19776    46552 /usr/lib64/libdl-2.17.so
ndbd    1664 root  mem       REG              253,0   144792    46572 /usr/lib64/libpthread-2.17.so
ndbd    1664 root  mem       REG              253,0   164240    46539 /usr/lib64/ld-2.17.so
ndbd    1664 root    0r      CHR                1,3      0t0     6221 /dev/null
ndbd    1664 root    1w      REG              253,0    16367 38004944 /usr/local/mysql/data/ndb_3_out.log
ndbd    1664 root    2w      REG              253,0    16367 38004944 /usr/local/mysql/data/ndb_3_out.log
ndbd    1664 root    3u     IPv4              24661      0t0      TCP localhost.localdomain:49258->192.168.17.130:mysql-cluster (ESTABLISHED)
ndbd    1664 root    4r     FIFO                0,9      0t0    24663 pipe
ndbd    1664 root    5uW     REG              253,0        4 38004945 /usr/local/mysql/data/ndb_3.pid
ndbd    1664 root    6w     FIFO                0,9      0t0    24663 pipe
ndbd    1665 root  cwd       DIR              253,0       60 38004942 /usr/local/mysql/data
ndbd    1665 root  rtd       DIR              253,0      224       64 /
ndbd    1665 root  txt       REG              253,0 41023080      305 /usr/local/mysql/bin/ndbd
ndbd    1665 root  mem       REG              253,0  2173512    46546 /usr/lib64/libc-2.17.so
ndbd    1665 root  mem       REG              253,0    88776   561689 /usr/lib64/libgcc_s-4.8.5-20150702.so.1
ndbd    1665 root  mem       REG              253,0  1139680    46554 /usr/lib64/libm-2.17.so
ndbd    1665 root  mem       REG              253,0   991616    73573 /usr/lib64/libstdc++.so.6.0.19
ndbd    1665 root  mem       REG              253,0    44448    46576 /usr/lib64/librt-2.17.so
ndbd    1665 root  mem       REG              253,0    19776    46552 /usr/lib64/libdl-2.17.so
ndbd    1665 root  mem       REG              253,0   144792    46572 /usr/lib64/libpthread-2.17.so
ndbd    1665 root  mem       REG              253,0   164240    46539 /usr/lib64/ld-2.17.so
ndbd    1665 root    0r      CHR                1,3      0t0     6221 /dev/null
ndbd    1665 root    1w      REG              253,0    16367 38004944 /usr/local/mysql/data/ndb_3_out.log
ndbd    1665 root    2w      REG              253,0    16367 38004944 /usr/local/mysql/data/ndb_3_out.log
ndbd    1665 root    3u     IPv4              24661      0t0      TCP localhost.localdomain:49258->192.168.17.130:mysql-cluster (ESTABLISHED)
ndbd    1665 root    4r     FIFO                0,9      0t0    24663 pipe
ndbd    1665 root    5u      REG              253,0        4 38004945 /usr/local/mysql/data/ndb_3.pid
ndbd    1665 root    6w     FIFO                0,9      0t0    24663 pipe
ndbd    1665 root    7u     IPv4              24664      0t0      TCP localhost.localdomain:49260->192.168.17.130:mysql-cluster (ESTABLISHED)
ndbd    1665 root    8u  a_inode               0,10        0     6217 [eventpoll]
ndbd    1665 root    9u     IPv4              24668      0t0      TCP localhost.localdomain:41378 (LISTEN)
ndbd    1665 root   10u     IPv4              24669      0t0      TCP localhost.localdomain:44667 (LISTEN)
ndbd    1665 root   11u     unix 0xffff9051c304a800      0t0    24670 socket
ndbd    1665 root   12u     unix 0xffff9051c304ac00      0t0    24671 socket
ndbd    1665 root   13u     IPv4              24672      0t0      TCP localhost.localdomain:34361->192.168.17.131:43755 (ESTABLISHED)
ndbd    1665 root   14u      REG              253,0 16777216 51683661 /usr/local/mysql/data/ndb_3_fs/D8/DBLQH/S0.FragLog
ndbd    1665 root   15u      REG              253,0 16777216 19550984 /usr/local/mysql/data/ndb_3_fs/D9/DBLQH/S0.FragLog
ndbd    1665 root   16u      REG              253,0 16777216 51683663 /usr/local/mysql/data/ndb_3_fs/D10/DBLQH/S0.FragLog
ndbd    1665 root   17u      REG              253,0 16777216 19550986 /usr/local/mysql/data/ndb_3_fs/D11/DBLQH/S0.FragLog
ndbd    1665 root   18u      REG              253,0 16777216 19550988 /usr/local/mysql/data/ndb_3_fs/D9/DBLQH/S1.FragLog
ndbd    1665 root   19u      REG              253,0 16777216 51683664 /usr/local/mysql/data/ndb_3_fs/D10/DBLQH/S1.FragLog
ndbd    1665 root   20u      REG              253,0 16777216 19550987 /usr/local/mysql/data/ndb_3_fs/D11/DBLQH/S1.FragLog
ndbd    1665 root   21u      REG              253,0 16777216 51683665 /usr/local/mysql/data/ndb_3_fs/D8/DBLQH/S1.FragLog
```

图 4-6　lsof -c ndb 命令运行结果

# 第 5 章　开放系统的 Web API

## 5.1　WCF、WCF Rest、Web Service 和 Web API

开放系统的 Web API 可采用 WCF、WCF Rest、Web Service、Web API 等技术，在技术选型上究竟采用哪种技术是一个值得探讨的问题。下面对比 Web Service、WCF 及 Web API 的数据传输协议及特点，为进一步的技术选型做铺垫。

1. Web Service

Web Service 是基于 SOAP 协议的，其数据格式是 XML，只支持 HTTP 协议。Web Service 不是开源的，但可以被任意一个了解 XML 的人使用，且它只能部署在 IIS 上。

2. WCF

WCF 也是基于 SOAP 的，数据格式是 XML。WCF 是 Web Service（ASMX）的进化版，可以支持多种协议，如 TCP、HTTP、HTTPS、Named Pipes、MSMQ 等。WCF 的主要问题是配置起来特别烦琐。WCF 也不是开源的，但可以被任意一个了解 XML 的人使用。WCF 可以部署在应用程序中、IIS 上或者 Windows 服务中。

3. WCF Rest

WCF Rest 支持 XML、JSon 及 ATOM 数据格式，如果使用 WCF Rest Service，必须在 WCF 中使用 webHttpBindings，它分别用[WebGet]和[WebInvoke]属性实现 HTTP 的 GET 和 POST 动词。若要使用其他 HTTP 动词，需要在 IIS 中做一些配置，使.svc 文件可以接受这些动词的请求。使用 WebGet 通过参数传输数据也需要配置，同时必须指定 UriTemplate。

4. Web API

Web API 是一个简单的构建 HTTP 服务的新的轻量级框架，并且对限制带宽的设备（如智能手机等）的支持良好，Response 可以被 Web API 的 MediaTypeFormatter 转换成 JSon、XML 或者任何想转换的格式。在.NET 平台上，Web API 是一个开源的、理想的、构建 REST-ful 服务的技术，不像 WCF Rest。

Web API 具有 HTTP 的全部特点，如 URIs、request/response 头、缓存、版本控制、多种内容格式；同时具备 MVC 的特征，如路由、控制器、Action、Filter、模型绑定、控制反转（IOC）或依赖注入（DI）、单元测试。这些可以使程序更简单、更健壮，Web API 可以部署在应用程序和 IIS 上。

5. 如何选择 WCF 和 Web API

如果想创建一个支持消息、消息队列、双工通信的服务，应该选择 WCF。

如果想创建一个服务，可以用更快速的传输通道，如 TCP、Named Pipes 甚至是 UDP（在 WCF 4.5 中），在其他传输通道不可用时也可以支持 HTTP。

如果想创建一个基于 HTTP 的面向资源的服务，并且具备 HTTP 的全部特征时，如 URIs、request/response 头、缓存、版本控制、多种内容格式，应该选择 Web API。

如果想让服务用于浏览器、手机、平板电脑时，应该选择 Web API。

## 5.2 开放系统的 Web API

在本系统中，可以采用单独的项目来开放和管理系统中的所有 API；同时在各自独立的项目中，为了适应开发页面的调用，也应开放部分 API。在本系统中，采用开放 Rest API 供用户调用，用户可以用任何支持发送 HTTP 请求的设备与系统进行交互。通过调用 API，用户可以通过 JavaScript 来获取、展示平台上的数据，可以上传数据，可以下载数据来进行自定义的分析统计，可以导出用户的所有数据。下面简单介绍几种常用的 API 开放方式。

1. 登录认证与注销

为了适应各子项目和不同类型应用的登录要求，一般情况下应当开放一个 Web API，让客户端通过 REST API 的方式进行登录认证与注销。

```
public class RIOController : Controller
    {
        [HttpPost]
        public JsonResult LoginAPI(string userSN,string userPswd)
        {
            Return Json(new IDS.Controllers.AccountController().LoginAPIAsync(userSN,
userPswd));
        }

        [HttpPost]
```

```
        public JsonResult LoginOut()
        {
            return Json(new IDS.Controllers.AccountController().SignOut());
        }
}
```

系统在RIO控制器中开发了两个API：一个为LoginAPI，用于用户的登录，用户需要提供两个参数——用户名和密码，由于网站采用HTTPS进行传输，该密码在传输过程中不会被泄露，但不能保证第三方开发的应用以钓鱼的方式恶意捕捉用户账户信息；另一个为LoginOut，用户可以调用LoginOut注销登录状态。LoginAPIAsync和LoginOut的具体实现方法如下：

```
//登录方法
        [AllowAnonymous]
        public async Task<string> LoginAPIAsync(string userSN, string userPswd)
        {
            string sResult = "Fail:";
            var user = ACLib.DBHelper.BLLs.UsersBLL.GetAUserBySN(userSN);
            if (user == null) return "Fail:不存在的用户名";
            if (user.UserPswd != ACLib.UCLib.HashHelper.MD5(userPswd)) return "Fail:用
户名密码不匹配";
            if (user != null) //获取用户信息成功，进行注册
            {
                //记录用户的头像信息
                //HttpContext.Items["UserICOUrl"] = user.UserICOUrl.Length > 0 ?
user.UserICOUrl : "/lib/aceAdmin/images/avatars/profile-pic.jpg";
                #region 登录认证
                #region 声明 List<Claim> n 张身份信息
                List<Claim> claims = new List<Claim>();
                //增加用户，第[0]张声明，1 张身份信息
                var claim0 = new Claim(ClaimTypes.Name, user.UserName,
ClaimValueTypes.String, "https://www.Cosharpsoft.com/");
                #region 记录一下第 1 张身份信息的附加属性
                claim0.Properties.Add("NickName", user.NickName);
                claim0.Properties.Add("RealName", user.RealName);
                claim0.Properties.Add("UserICOUrl", user.UserICOUrl);
                claim0.Properties.Add("UserSIM", user.UserSIM);
                claim0.Properties.Add("PhoneNo", user.PhoneNo);
                claim0.Properties.Add("Email", user.Email);
```

```
claim0.Properties.Add("UserState", user.UserState.ToString());
claim0.Properties.Add("UserLevel", user.UserLevel.ToString());
#endregion
claims.Add(claim0);

//string s = "1111,1211,2111,2211,1112,";
string[] arrayRoles = user.UserRoles?.Split(',');
if (arrayRoles != null)
    foreach (var item in arrayRoles)
    {
        //增加角色，第[1-N]张声明，n 个角色信息
        //claims.Add(new Claim(ClaimTypes.Role, item,
ClaimValueTypes.String, "https://www.Cosharpsoft.com/"));
        var claim1_N = new Claim(ClaimTypes.Role, item,
ClaimValueTypes.String, "https://www.Cosharpsoft.com/");
        claim1_N.Properties.Add("userDepartments","1001,2003,9002");
//记录一下第 2_N 张身份信息的附加属性
        claims.Add(claim1_N);
    }
//claims.Add(new Claim(ClaimTypes.UserData, HelperJson.SerializeObject
(userStateModel)));
#endregion
#region 声明 ClaimsIdentity 1 张身份证件
var userIdentity = new ClaimsIdentity(arrayRoles[0]);
userIdentity.AddClaims(claims);
#endregion
#region 声明 ClaimsPrincipal 1 张登录网站的票据
var userPrincipal = new ClaimsPrincipal(userIdentity);
#endregion
#region 注册 Cookie
//登录
await HttpContext.SignInAsync(
    scheme: CookieAuthenticationDefaults.AuthenticationScheme,
    principal: userPrincipal,
    properties: new AuthenticationProperties
    {
        IsPersistent = true,
        ExpiresUtc = DateTimeOffset.Now.Add(TimeSpan.FromDays(180)),
```

```
                    //AllowRefresh = false,
                });
                #endregion

                sResult = "Success:" + user.UserName + "|" + user.RealName + "|" +
user.UserRoles;
                #endregion
            }
            else  //获取用户信息失败
            {
                sResult = "Fail:无效的用户名";
            }
            return sResult;
        }

#region 注销
        public async Task<IActionResult> SignOut(string returnUrl = null)
        {
            await HttpContext.SignOutAsync(CookieAuthenticationDefaults.
AuthenticationScheme);

            return Redirect(returnUrl == null?ACLib.IDSHelper.LoginAuthOptions.
DefaultLogoutRedirectUrl: returnUrl);
        }
        #endregion
```

在整个系统中，首先需要声明一张表明用户身份的凭证，凭证中记录下用户的昵称、真实姓名等身份信息，代码如下：

```
Claim0=new Claim(ClaimTypes.Name,user.UserName,ClaimValueTypes.String,
"https://www.Cosharpsoft.com/");
claims.Add(claim0);  //附加属性加入 claims
```

接着增加[1-N]张角色信息的凭证，代码如下：

```
claim1_N = new Claim(ClaimTypes.Role, item, ClaimValueTypes.String,
"https://www.Cosharpsoft.com/");
claims.Add(claim1_N);
```

然后，声明 1 张身份证件，代码如下：

```
userIdentity = new ClaimsIdentity(arrayRoles[0]);
userIdentity.AddClaims(claims);
```

最后，声明一张登录网站的票据，并将登录信息写入用户的 cookie，若要注销用户，只要销毁用户的 cookie 即可，代码如下：

```
userPrincipal = new ClaimsPrincipal(userIdentity);
await HttpContext.SignInAsync(scheme: CookieAuthenticationDefaults.AuthenticationScheme, principal: userPrincipal, properties: new AuthenticationProperties {IsPersistent = true, ExpiresUtc = DateTimeOffset.Now.Add(TimeSpan.FromDays(180)), //AllowRefresh = false,
});
await HttpContext.SignOutAsync(CookieAuthenticationDefaults.AuthenticationScheme);
```

2. 请求二维码图片

在系统页面中，为了能够让用户从桌面浏览器转移至 Mobile 设备，方便用户与系统交互，以及在必要时进行支付等操作，需要在系统中动态生成二维码。二维码的生成内容由交互页面和后台方法根据共同协定来完成，页面需要采用一种无刷新的方式调用一个 API，用于生成 QRCode 图形。系统开放的 REST API 的代码如下：

```
public class RIOController : Controller
    {
        public IActionResult GetQRCode(string qrContent="")
        {
            var qrCodeImgBlob = QuickResponseCode.GetQRCode(qrContent);
            return File(qrCodeImgBlob, @"image/png");
        }
}
```

这里将图片转换成内存字节数组，以内存文件流式的结果返回客户端，不用文件系统时，保证多用户并发请求下生成不同图像而不发生文件独占的错误。

用户采用 Get 的方式调用该接口，传入的参数 qrContent 是用户欲生成的内容数据。实现 QRCode 的代码如下：

```
using QRCoder;
using System;
using System.Collections.Generic;
using System.Drawing.Imaging;
using System.IO;
using System.Text;
namespace ACLib.Tools
{
    public class QuickResponseCode
    {
```

```
//https://github.com/codebude/QRCoder
//PM> Install-Package QRCoder
//PM> Install-Package System.Drawing.Common
public static byte[] GetQRCode(string qrCodeContent)
{
    QRCodeGenerator qrGenerator = new QRCodeGenerator();
    QRCodeData qrCodeData = qrGenerator.CreateQrCode(qrCodeContent,
            QRCodeGenerator.ECCLevel.Q);
    QRCode qrCode = new QRCode(qrCodeData);
    var bmp = qrCode.GetGraphic(20);
    MemoryStream ms = new MemoryStream();
    try
    {
        bmp.Save(ms,ImageFormat.Png);
    }
    catch (Exception)
    {
        return null;
    }
    finally
    {
        bmp.Dispose();
    }
    return ms.ToArray();
    }
}
}
```

生成二维码的类库采用开源组件 QRCoder，可从 https://github.com/codebude/QRCoder 查看该组件的源码。采用 nuget 控制台命令安装该组件：Install-Package QRCoder。需要对图像进行处理时，要求同时安装 System.Drawing，这里采用 nuget 控制台命令安装：Install-Package System.Drawing.Common。生成的图像是 bitmap 对象：bmp = qrCode.GetGraphic(20);，采用 MemoryStream 进行转换：MemoryStream ms = new MemoryStream();bmp.Save(ms,ImageFormat.Png); return ms.ToArray();。

在页面中，用户可以采用 img 标签来展示该二维码：

```
<img
id="qrCodeImgContact"
src="/GetQRCode/?qrContent=@("http://"+Html.ViewContext.HttpContext.Request.Host.ToStr
ing()+"/Home/Contact")" style="width:120px;" />
```

这里传送的 Get 参数为 qrContent，其内容为欲生成二维码图像的文字内容。

3. 使用流式处理分片上传大文件

如果文件上传的大小或频率导致应用出现资源问题，可考虑使用流式处理上传文件，而不能采用模型绑定方法。尽管使用 IFormFile 和模型绑定更简单，但流式处理需要大量步骤才能正确实现。流式处理分片上传大文件需要开放一个API，供客户端远程调用，每次上传一个文件切片，待所有切片上传完成后，在服务器端进行合成。

以下是在 FileManager 控制器中开放的 API，以供用户在客户端调用，进行文件上传。

```
using System;
using System.Collections.Generic;
using System.IO;
using System.Linq;
using System.Threading.Tasks;
using Microsoft.AspNetCore.Mvc;
using Newtonsoft.Json;
namespace IDS.Controllers
{
    public class FileManagerController : Controller
    {
        public IActionResult Index()
        {
            return View();
        }

        public IActionResult UploadFile(int id = 1)
        {
            return View();
        }
        [HttpPost]
        public async Task<ActionResult> UploadFile()
        {
            var tmpFileAbsoluteDirectory = Path.Combine(ACLib.IDSHelper.
CookieAuthOptions.ServerSharedStaticFilesPath,
$"UserPrivateFiles/{HttpContext.User.Identity.Name}/UpLoadFiles/tmp");    //用户服务器文
件临时路径
            if (!Directory.Exists(tmpFileAbsoluteDirectory)) Directory.CreateDirectory
```

```
(tmpFileAbsoluteDirectory);
            var data = Request.Form.Files["data"];
            string lastModified = Request.Form["lastModified"].ToString();
            var total = Request.Form["total"];
            var fileName = Request.Form["fileName"];
            var index = Request.Form["index"];
            string temporary = Path.Combine(tmpFileAbsoluteDirectory, lastModified);
            //临时保存分块的目录
            try
            {
                if (!Directory.Exists(temporary))
                    Directory.CreateDirectory(temporary);
                string filePath = Path.Combine(temporary, index.ToString());
                if (data != null) //if (!Convert.IsDBNull(data))
                {
                    await Task.Run(() => {
                        FileStream fs = new FileStream(filePath, FileMode.Create);
                        data.CopyTo(fs);
                        fs.Flush();
                        fs.Dispose();
                    });
                }
                bool mergeOk = false;
                string fileRequestPath = null;
                if (total == index)
                {
                    fileRequestPath=await FileMerge(lastModified, fileName);
                    mergeOk = fileRequestPath != null;
                }
                Dictionary<string, object> result = new Dictionary<string, object>();
                result.Add("number", index);
                result.Add("mergeOk", mergeOk);
                result.Add("fileRequestPath", fileRequestPath);
                return Json(result);
            }
            catch (Exception ex)
            {
                Directory.Delete(temporary);  //删除文件夹
```

```
                throw ex;
            }
        }
        private async Task<string> FileMerge(string lastModified, string fileName)
        {
            string fileRequestPath = null;
            try
            {
                //临时文件目录
                var tmpFileAbsoluteDirectory = Path.Combine(ACLib.IDSHelper.
CookieAuthOptions.ServerSharedStaticFilesPath, $"UserPrivateFiles/{HttpContext.
User.Identity.Name}/UpLoadFiles/tmp");  //用户服务器用户文件临时路径
                var temporary = Path.Combine(tmpFileAbsoluteDirectory,
lastModified);  //分片文件的临时文件夹

                //保存的上传文件
                fileName = Request.Form["fileName"];  //文件名
                string fileExt = Path.GetExtension(fileName);  //获取文件后缀
                var files = Directory.GetFiles(temporary);  //获得下面的所有文件
                var upLoadFilesAbsoluteDirectory =
Path.Combine(ACLib.IDSHelper.CookieAuthOptions.ServerSharedStaticFilesPath,
$"UserPrivateFiles/{HttpContext.User.Identity.Name}/UpLoadFiles/");  //用户服务器文件上
传路径
                if (!Directory.Exists(upLoadFilesAbsoluteDirectory)) Directory.
CreateDirectory(upLoadFilesAbsoluteDirectory);
                var saveFileName = Guid.NewGuid()+ fileExt;
                fileRequestPath = $"/StaticFiles/UserPrivateFiles/{HttpContext.
User.Identity.Name}/UpLoadFiles/{saveFileName}";  //文件相对路径
                var finalFileNameFullPath = Path.Combine(upLoadFilesAbsoluteDirectory,
saveFileName);  //最终的文件名（demo 中保存的是它上传时的文件名，实际操作肯定不
能这样）
                var fs = new FileStream(finalFileNameFullPath, FileMode.Create);
                foreach (var part in files.OrderBy(x => x.Length).ThenBy(x => x))  //排
序，保证从 0～N 写
                {
                    var bytes = System.IO.File.ReadAllBytes(part);
                    await fs.WriteAsync(bytes, 0, bytes.Length);  //await fs.WriteAsync
(bytes, 0, bytes.Length);
```

```
                    bytes = null;
                    System.IO.File.Delete(part);   //删除分块
                }
                fs.Flush();
                fs.Dispose();
                Directory.Delete(temporary);  //删除文件夹

            }
            catch (Exception ex)
            {
                throw ex;
            }
            return fileRequestPath;
        }
        private static void UpLoadFileBlob(string filefullPath, byte[] fileBlobContent, int
blobId, int totalSize, bool isFillByZero)
        {
            int bufferLength = 4096;
            byte[] buffer = new byte[bufferLength];
            FileStream fs;
            int totalBlob;          //写入的总块数
            int tailBlobLent;   //尾块长度
            if (isFillByZero)
            {
                #region 用 0 填充文件
                if (System.IO.File.Exists(filefullPath)) System.IO.File.Delete(filefullPath);
//有文件存在，删除
                fs = new FileStream(filefullPath, FileMode.Create);   //创建文件
                byte[] zeroFile = new byte[totalSize];
                totalBlob = totalSize / bufferLength;
                //写入整数部分
                for (int i = 0; i < totalBlob; i++)
                {
                    fs.Write(zeroFile, i * bufferLength, bufferLength);
                }
                //写入不足 Buffer 长度的尾部
                tailBlobLent = totalSize % bufferLength;
                if (tailBlobLent != 0)
```

```
                {
                    fs.Write(zeroFile, totalSize - tailBlobLent, tailBlobLent);
                }
                fs.Flush();
                fs.Dispose();
                #endregion
            }
            #region 数据写入文件
            fs = new FileStream(filefullPath, FileMode.OpenOrCreate);   //填充 0 后，若存
在文件则打开文件，否则创建文件
            fs.Seek(fs.Length, SeekOrigin.Current);
            bufferLength = buffer.Length;
            int blobTotalSize = fileBlobContent.Length;      //传入文件块大小
            totalBlob = blobTotalSize / bufferLength;         //计算写入块数
            tailBlobLent = blobTotalSize % bufferLength;     //计算尾块大小
            int offset = blobId * blobTotalSize;   //计算偏移量=块号+分块大小
            //写入整数块部分
            for (int i = 0; i < totalBlob; i++)
            {
                fs.Write(fileBlobContent, offset + i * bufferLength, bufferLength);
            }
            //写入不足 Buffer 长度的尾部
            if (tailBlobLent != 0)
            {
                fs.Write(fileBlobContent, offset + blobTotalSize - tailBlobLent, tailBlobLent);
            }
            fs.Flush();
            fs.Dispose();
            #endregion
        }

    }
```

在文件上传组件中，用到一个转换类库——ByteConvertHelper，其转换代码如下：

```
    public class ByteConvertHelper
    {
        /// <summary>
        /// 将对象转换为 byte 数组
```

```
        /// </summary>
        /// <param name="obj">被转换对象</param>
        /// <returns>转换后的 byte 数组</returns>
        public static byte[] Object2Bytes(object obj)
        {
            string json = JsonConvert.SerializeObject(obj);
            byte[] serializedResult = System.Text.Encoding.UTF8.GetBytes(json);
            return serializedResult;
        }
        /// <summary>
        /// 将 byte 数组转换成对象
        /// </summary>
        /// <param name="buff">被转换 byte 数组</param>
        /// <returns>转换后的对象</returns>
        public static object Bytes2Object(byte[] buff)
        {
            string json = System.Text.Encoding.UTF8.GetString(buff);
            return JsonConvert.DeserializeObject<object>(json);
        }
        /// <summary>
        /// 将 byte 数组转换为对象
        /// </summary>
        /// <param name="buff">被转换 byte 数组</param>
        /// <returns>转换后的对象</returns>
        public static T Bytes2Object<T>(byte[] buff)
        {
            string json = System.Text.Encoding.UTF8.GetString(buff);
            return JsonConvert.DeserializeObject<T>(json);
        }
    }
}
```

该类库提供了对象向字节数组的转换 public static byte[] Object2Bytes(object obj)及一个对象二进制数组向 object 对象的转换函数 public static object Bytes2Object(byte[] buff)；同时提供反省对象转换函数 public static T Bytes2Object <T>(byte[] buff)。这里的转换是利用 JsonConvert 类库对象进行序列化和反序列化。

在客户端，采用<input />标签进行文件选择。

```
<div class="row" style="margin-top:5px;">
                    <div class="col-sm-3"></div>
```

```
                <div class="col-sm-9">
            <input type="text" value="请选择文件" name="upfile" id="upfile" class=
"form-control" style="width:75%;">
                    <input type="button" value="浏览" onclick="path.click()" class=
"btn btn-default">
                    <input type="file" id="path" style="display:none" multiple=
"multiple" onchange="upfile.value=this.value">
                    <br />
                    <span id="output">0%</span>
                    <button type="button" id="file" onclick="UploadStart()" style=
"border:1px solid #ccc;background:#fff;width:175px;height:40px;">开始上传</button>
                </div>
</div>
```

该标签采用调用了分片上传 JS 函数，其定义如下：

```
@section Scripts {
    <script src="~/js/UploadJs.js"></script>
    <script>
        var UploadPath = "";
        //开始上传
        function UploadStart() {
            var file = $("#path")[0].files[0];
            AjaxFile(file, 0);
        }
        function AjaxFile(file, i) {
            var name = file.name,     //文件名
                size = file.size,     //总大小 shardSize = 2 * 1024 * 1024
                shardSize = 2 * 1024 * 1024,              //以 2MB 为一个分片
                shardCount = Math.ceil(size / shardSize);  //总片数
            if (i >= shardCount) {
                return;
            }
            //计算每片的起始与结束位置
            var start = i * shardSize,
                end = Math.min(size, start + shardSize);
            //构造一个表单，FormData 是 HTML5 新增的
            var form = new FormData();
            form.append("data", file.slice(start, end));  //slice 方法用于切出文件的一部分
            form.append("lastModified", file.lastModified);
            form.append("fileName", name);
```

```
                form.append("total", shardCount);    //总片数
                form.append("index", i + 1);          //当前是第几片
                UploadPath = file.lastModified
                //AJAX 提交文件
                $.ajax({
                    url: "/FileManager/UploadFile",
                    type: "POST",
                    data: form,
                    async: true,          //异步
                    processData: false,  //很重要，告诉 jquery 不要处理 form
                    contentType: false,  //很重要，指定为 false 才能形成正确的 Content-Type
                    success: function (result) {
                        if (result != null) {
                            i = result.number++;
                            var num = Math.ceil(i * 100 / shardCount);
                            $("#output").text(num + '%');
                            AjaxFile(file, i);
                            if (result.mergeOk) {
                                var filepath = $("#path");
                                filepath.after(filepath.clone().val(""));
                                filepath.remove();   //清空 input file
                                $('#upfile').val('请选择文件');
                                //alert(result.fileRequestPath);
                                $('#AttachFiles').val(result.fileRequestPath);
                                alert("success!!!");
                            }
                        }
                    }
                });
            }
            function submitForm() {
                $("#form-ERealNameCertification").submit();
            }
        </script>
    }
```

上述程序中，采用 AJAX 进行远程访问；文件上传采用 Post 方式提交 type:"POST"；通过 url: "/FileManager/UploadFile"指定调用的控制器和 Action；通过 function AjaxFile(file, i)对文件进行切片处理，分片上传。

## 5.3 Web API 的远程调用

在 5.2 节介绍了一个 Web API 方法——FileManager/UploadFile，该方法提供了远程客户端的过程调用，本节将详细论述.NET Core Web API 的定义与远程调用方法。基于 API 项目的特殊性，它需要一个完全安全的环境，所以.NET Core 中的 API 控制器有些特别，有以下 5 个调用方法。

```
[Route("api/[controller]")]
    [ApiController]
    public class ValuesController : ControllerBase
    {
        // GET api/values
        [HttpGet]
        public ActionResult<IEnumerable<string>> Get()
        {
            return new string[] { "value1", "value2" };
        }
        // GET api/values/5
        [HttpGet("{id}")]
        public ActionResult<string> Get(int id)
        {
            return "value";
        }
        // POST api/values
        [HttpPost]
        public void Post([FromBody] string value)
        {
        }
        // PUT api/values/5
        [HttpPut("{id}")]
        public void Put(int id, [FromBody] string value)
        {
        }
        // DELETE api/values/5
        [HttpDelete("{id}")]
        public void Delete(int id)
        {
        }
    }
```

这些方法都是标准的HTTP方法，而且为了实现安全性，它不支持使用传统的表单数据，而支持FromBody参数，它只取HttpRequestMessage里的参数，而不是所有的Request数据，这主要是基于安全方面的考虑。但在本系统中，嵌入到项目中的API并没有严格按照上述标准进行封装，其安全由.NET Core中的认证中间件来保证。

### 5.3.1 网页中的调用方法

在页面中可采用GET方法或POST方法进行调用。在AJAX中的调用方法如下：

```
$.ajax({
            url: "/RIO/LoginOut",
            type: "GET",
            success: function (data) {
                console.log("json:" + data);
            }
        });
$.ajax({
            url: "/RIO/Login",
            type: "POST",
            data: { '': '1' },  //这里键名称必须为空，多个参数请传对象，API端参数名必
须为某个值
            success: function (data) {
                console.log("post:" + data);
            }
        });
```

采用jQuery的调用方法如下：

```
$.get("/RIO/LoginOut",
    function(data,status){
    alert("Data: " + data + "\nStatus: " + status);
  });
$.post("/RIO/Login",
  {
    userName:"U01",
    userPswd:"123"
  },
  function(data,status){
    alert("Data: " + data + "\nStatus: " + status);
  });
```

.NET Core MVC 网站中，开放的 API 可以采用浏览器和客户端的调用方法；若采用第三方网站中的页面调用，则需要考虑跨域调用的问题。

（1）在.NET Core2.0 的 Microsoft.AspNetCore.All 包中已经包含跨域 Cors 的处理（图 5-1），不必单独添加。如果该引用不存在，则使用 nuget 添加：

```
Install-Package Microsoft.AspNetCore.Cors
```

图 5-1　Microsoft.AspNetCore.Cors 引用

（2）打开 Startup.cs 文件，在 ConfigureServices 中配置跨域。

```
services.AddCors(options =>
    {
        options.AddPolicy("any", builder =>
        {
            builder.AllowAnyOrigin()   //允许任何来源的主机访问
            //builder.WithOrigins("http://localhost:8888") ////允许 http://localhost:8888 的主机访问
            .AllowAnyMethod()
            .AllowAnyHeader()
```

```
                .AllowCredentials(); //指定处理 cookie

        });
    });
```

（3）在 Configure 或者 Controller 中配置跨域支持。

方法 1：在 Configure 中是最全局配置，配置后所有的 Controller 都支持。

app.UseCors("any");。

方法 2：在 Controller 中配置跨域支持。

```
using Microsoft.AspNetCore.Cors;
using Microsoft.AspNetCore.Mvc;

namespace TestCors.Controllers
{
    [EnableCors("any")]//跨域
    [Route("api/[controller]/[action]")]
    public class RIOController : Controller
    {
        public string GetVersion()
        {
            return System.Reflection.Assembly.GetExecutingAssembly().GetName().
Version.ToString();
        }
    }
}
```

（4）在其他网页中调用 API。

```
<button class="btn btn-success" onclick="$.get('https://localhost:44381/api/RIO/GetVersion',
function (data) {alert('AssemblyVersion:' + data);});">
    GetAssemblyVersion
</button>
```

### 5.3.2 应用客户端中的调用

HttpClient 是一个被封装的用于 HTTP 通信的类，它在.NET Core、Java 中都有实现。手机端、平板端也有类似的调用方式，它们都有自己的 HttpClient 类。HttpClient 使用消息处理器来处理请求，HttpClientHandler 是 HttpClient 的默认消息处理器[7]，消息处理器处理请求并返回响应的流程如图 5-2 所示。

HttpClient 组件类实例为一个会话发送 HTTP 请求。HttpClient 实例设置为集合，可以应用于该实例执行的所有请求。此外，每个 HttpClient 实例使用自己的连接池，隔离其他 HttpClient 实例的执行请求。HttpClient 也是更具体的 HTTP 客户端的基类。

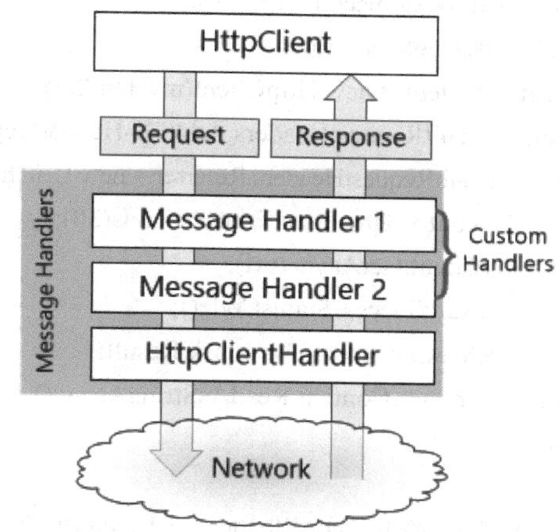


图 5-2 消息处理器处理请求并返回响应的流程

默认情况下，使用 HttpWebRequest 向服务器发送请求。向服务器发送请求的行为模式可以通过向 HttpWebRequest 重载的构造函数传递 HttpMessageHandler 实例参数来改变。

如果需要身份验证或缓存功能，WebRequestHandler 可使用配置项和实例传递给构造函数，再通过相应的方法返回 HttpMessageHandle 实例来处理数据。

如果使用 HttpClient 和相关组件类的 app 在 System.Net.Http 命名空间下载大量数据（50MB 或更多），则不建议这些下载应用程序使用默认值缓冲区。因为使用默认缓冲区时，客户端内存使用量会非常大，可能导致客户端工作性能显著降低。使用 HttpClient 调用本系统 API 的基本使用方法的示例代码如下：

```
using System;
using System.Collections.Generic;
using System.Linq;
using System.Net.Http;
using System.Text;
using System.Threading.Tasks;
namespace ACLib.Tools
{
    public class WebApiInvoker
    {
        public static string InvokeWebAPI(string uri)
```

```
    {
        HttpClientHandler myHandler = new HttpClientHandler();
        myHandler.AllowAutoRedirect = false;
        myHandler.UseCookies = true;
        HttpClient myClient = new HttpClient(myHandler);
        //myClient.DefaultRequestHeaders.Add("X-HeaderKey", "HeaderValue");
        //myClient.DefaultRequestHeaders.Referrer = new Uri("http://www.contoso.com");
        myClient.Timeout = TimeSpan.FromSeconds(30);
        var task = myClient.GetAsync(uri);
        task.Result.EnsureSuccessStatusCode();
        HttpResponseMessage response = task.Result;
        var result = response.Content.ReadAsStringAsync();
        return result.Result;
    }
    public static string PostDataToWebAPI(string uri, Dictionary<string, string> KeyValueDict)
    {
        HttpClientHandler myHandler = new HttpClientHandler();
        myHandler.AllowAutoRedirect = false;
        myHandler.UseCookies = true;
        HttpClient myClient = new HttpClient(myHandler);
        myClient.Timeout = TimeSpan.FromSeconds(30);
        var content = new FormUrlEncodedContent(KeyValueDict);
        try
        {
            var task = myClient.PostAsync(uri, content);
            task.Result.EnsureSuccessStatusCode();

            HttpResponseMessage response = task.Result;
            var result = response.Content.ReadAsStringAsync();
            return result.Result;
        }
        catch (Exception ex)
        {
            return ex.Message;
        }
    }
}
public class WebApiInvoker2
```

```
{
    HttpClientHandler myHandler = new HttpClientHandler();
    HttpClient myClient;
    bool hasAuthorized = false;
    public WebApiInvoker2()
    {
        myHandler.AllowAutoRedirect = false;
        myHandler.UseCookies = true;
        myClient = new HttpClient(myHandler);
        myClient.Timeout = TimeSpan.FromSeconds(30);

    }
    public bool SignInServer(string loginApiUri)
    {
        var task = myClient.GetAsync(loginApiUri);
        task.Result.EnsureSuccessStatusCode();
        HttpResponseMessage response = task.Result;
        var result = response.Content.ReadAsStringAsync();
        return result.Result.StartsWith("Success");
    }
    public string InvokeWebAPI(string uri)
    {
        var task = myClient.GetAsync(uri);
        task.Result.EnsureSuccessStatusCode();
        HttpResponseMessage response = task.Result;
        var result = response.Content.ReadAsStringAsync();
        return result.Result;
    }
    public string  PostDataToWebAPI(string uri, Dictionary<string, string> KeyValueDict)
    {
        var content = new FormUrlEncodedContent(KeyValueDict);
        try
        {
            var task = myClient.PostAsync(uri, content);
            task.Result.EnsureSuccessStatusCode();
            HttpResponseMessage response = task.Result;
            var result = response.Content.ReadAsStringAsync();
            return result.Result;
```

```
                }
                catch (Exception ex)
                {
                    return ex.Message;
                }

            }
        }
    }
```

上述类库的封装中，WebApiInvoker提供静态方法，而WebApiInvoker2必须实例化对象后方能使用。可采用以下代码对上述封装的类库进行调用。

```
ACLib.Tools.WebApiInvoker.InvokeWebAPI("http://*:80/RIO/Login");
```

或

```
new ACLib.Tools.WebApiInvoker2.InvokeWebAPI2("http://*:80/RIO/Login");
```

在PostDataToWebAPI(string uri, Dictionary<string, string> KeyValueDict)调用中，如果欲将对象模型转换为键值对，需要用到如下类库。

```
using System;
using System.Collections.Generic;
using System.Reflection;
using System.Text;
namespace ACLib.Tools
{
    public class EntityKeyValueConvertor
    {
        public static T ToEntity<T>(Dictionary<string, string> kvDict) where T:new()
        {
            Type type = typeof(T);
            Object objEntity = Activator.CreateInstance(type);    //创建实例
            foreach (PropertyInfo objProperty in type.GetProperties())
            {
                string name = objProperty.Name;
                if (kvDict.ContainsKey(name)) objProperty.SetValue(objEntity,
Convert.ChangeType(kvDict[name], objProperty.PropertyType), null);
            }
            return (T)objEntity;
        }
        public static Dictionary<string, string> ToKeyValue<T>(T t)
        {
            Dictionary<string, string> kvDict = new Dictionary<string, string>();
```

```
            Type type = typeof(T);
            Object objEntity = Activator.CreateInstance(type);   //创建实例
            foreach (PropertyInfo objProperty in type.GetProperties())
            {
                string key = objProperty.Name;
                string value = objProperty.GetValue(t, null)?.ToString();
                string des = "";
                foreach (var item in objProperty.GetCustomAttributes(true))
                {
                    if (item.GetType().Name == "DescriptionAttribute")
                        des = (item as System.ComponentModel.DescriptionAttribute).
Description;
                }
                kvDict.Add(key, value);
            }
            return kvDict;
        }
    }
}
```

该类库中，采用反射机制对实体对象进行键值对转换。

# 第 6 章　系统中融入人工智能

## 6.1　ML.NET

### 6.1.1　ML.NET 概述

微软公司在 Build 2018 大会上发布了 ML.NET 的预览版。ML.NET 是一个免费的开源跨平台机器学习框架，可用于生成自定义机器学习解决方案并将其集成到.NET 应用程序。借助 ML.NET API，你可以使用自己已有的.NET 技能将 AI 结合到应用中，而无须离开.NET。ML.NET 经扩展后可以添加流行的机器学习库，如 TensorFlow、Caffe 2、Accord.NET 和 CNTK，从而支持其他机器学习场景，如推荐系统、异常检测及其他方法（如深度学习）；.NET 开发人员可以开发自己的模型，并且将自定义的机器学习融入到其应用程序中，无须之前拥有开发或调整机器学习模型方面的专业知识[8]。

ML.NET 能够支持诸多机器学习任务，如分类（文本分类和情绪分析）、回归（趋势预测和价格预测）。除了这些机器学习功能外，ML.NET 引入了训练模型的.NET API，使用模型预测；还包括该框架的核心组件，如学习算法、转换和核心的机器学习数据结构。

ML.NET 允许采用代码优先的方法，补充了 Azure 机器学习和认知服务提供的体验，并支持应用程序本地部署及自行构建模型的功能。

ML.NET 作为.NET Foundation 的一部分被发布；如今代码仓库包含用于模型训练和使用的.NET C# API 及许多常见的机器学习任务（如回归和分类）所需的各种转换和学习器。ML.NET 旨在提供 E2E 工作流程，以便在预处理、特征工程、建模、评估和操作化等过程中将机器学习融入到.NET 应用程序中。ML.NET 本身支持机器学习各方面所需的类型和运行环境，包括核心数据类型、可扩展流水线、高性能数学、面向异构数据的数据结构和工具支持等。

图 6-1 所示为 ML.NET 的核心组件。

微软的官方实例给出了以下四个教程。

- 使用二元分类模型分析情绪。该教程演示确定情绪是积极还是消极的应用程序的构建方法。

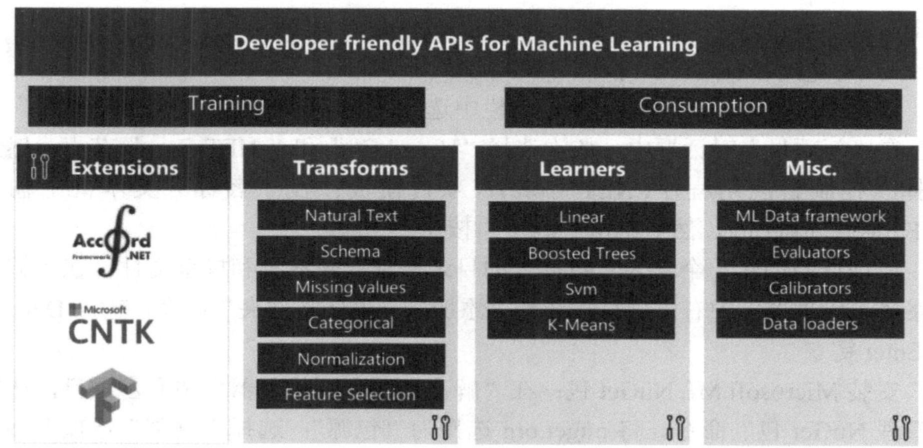


图 6-1　ML.NET 的核心组件

- 使用多类分类模型对 GitHub 问题进行分类。该教程展示了如何生成可确定 GitHub 问题的“区域”标签的应用程序。
- 使用回归模型预测价格。该教程演示如何构建一个使用历史数据中的许多因素来确定答案的预测性应用程序。
- 根据特征对鸢尾花进行分类。该教程演示如何使用聚类分析模型来分析鸢尾花数据集。

下面将以鸢尾花分类为例展示 ML.NET 的应用。

### 6.1.2　借助 ML.NET 使用聚类分析学习器对鸢尾花进行分类

本例引用 ML.NET（目前处于预览状态），且材料可能会更改。下面使用 ML.NET 0.11 演示如何为鸢尾花数据集构建聚类分析模型。

1. 系统必备

需安装“.NET Core 跨平台开发”工作负载的 Visual Studio 2017 15.6 或更高版本。

2. 了解问题

本节所述问题的本质即基于花卉特征将鸢尾花数据归入不同的组。这些特征包括花萼的长度和宽度及花瓣的长度和宽度。本例假设每朵花的类型都是未知的，需通过上述特征了解数据集的结构，并预测数据实例与此结构的拟合程度。

3. 选择适当的机器学习任务

鉴于不知道每朵花属于哪个分组，应选择非监管式机器学习任务。为将数据归入不同的组，并使同组中的元素相互之间更相似（与其他组中的元素相比），应使用聚类分析机器学习任务。

4. 创建控制台应用程序

打开 Visual Studio 2017。从菜单栏中选择“文件”→“新建”→“项目”命令，在“新项目”对话框中，依次选择“Visual C#”和“.NET Core”节点；然后选择“控制台应用程序(.NET Core)”项目模板；在“名称”文本框中输入 IrisFlowerClustering，然后单击“确定”按钮。

在项目中创建一个名为“数据”的目录来保存数据集和模型文件：在“解决方案资源管理器”中右击项目，选择“添加”→“新文件夹”命令。输入 Data 后按 Enter 键。

安装 Microsoft.ML NuGet 包：在“解决方案资源管理器”中右击项目，选择“管理 NuGet 包”命令。将 nuget.org 选择为“包源”；选择“浏览”选项卡并搜索 Microsoft.ML，在列表中选择该包，然后单击“安装”按钮；单击“预览更改”对话框上的“确定”按钮，如果同意所列包的许可条款，则单击“接受许可”对话框上的“我接受”按钮。

5. 准备数据

下载 iris.data 数据集并将其保存至上一步中创建的“数据”文件夹。若要详细了解鸢尾花数据集，请参阅鸢尾花数据集维基百科页面及该数据集的源鸢尾花数据集页面。

在“解决方案资源管理器”中右击 iris.data 文件并选择“属性”命令。在“高级”项下将“复制到输出目录”的值更改为“如果较新则复制”。

该 iris.data 文件包含五列，分别代表花萼长度（厘米）、花萼宽度（厘米）、花瓣长度（厘米）、花瓣宽度（厘米）、鸢尾花类型。

考虑到聚类分析，本例忽略最后“鸢尾花类型”列。

6. 创建数据类

创建输入数据和预测类的步骤如下所述。

在“解决方案资源管理器”中右击项目，然后选择“添加”→“新项”命令；在弹出的“添加新项”对话框中选择“类”，并将“名称”字段更改为 IrisData.cs，单击“添加”按钮。

将以下 using 指令添加到新文件：

```
using Microsoft.ML.Data;
```

删除现有类定义并向 IrisData.cs 文件中添加以下代码，其中定义了 IrisData 和 ClusterPrediction 两个类。

```
using Microsoft.ML.Data;
using System;
```

```
using System.Collections.Generic;
using System.Text;
namespace IrisFlowerClustering
{
    public class IrisData
    {
        [Column("0")]
        public float SepalLength;
        [Column("1")]
        public float SepalWidth;
        [Column("2")]
        public float PetalLength;
        [Column("3")]
        public float PetalWidth;
    }
    public class ClusterPrediction
    {
        [ColumnName("PredictedLabel")]
        public uint PredictedClusterId;
        [ColumnName("Score")]
        public float[] Distances;
    }
}
```

IrisData 是输入数据类，并且具有针对数据集每个特征的定义。使用LoadColumn属性在数据集文件中指定源列的索引。

ClusterPrediction 类表示应用到 IrisData 实例的聚类分析模型的输出。使用ColumnName属性将PredictedClusterId和Distances字段分别绑定至 PredictedLabel 和 Score 列。在聚类分析任务中，PredictedLabel 列包含所预测群集的 ID；Score 列包含一个数组，该数组中的数与群集形心之间的距离为欧氏距离的平方，该数组的长度等于群集数；使用 float 类型表示输入和预测数据类中的浮点值。

7. 定义数据和模型路径

返回到 Program.cs 文件并添加以下两个字段，以保存数据集文件及模型的文件路径：_dataPath 包含用于定型模型的数据集的文件路径；_modelPath 包含用于存储定型模型的文件路径。将以下代码添加到 Main 方法上方，以指定这些文件路径。

```
        static readonly string _dataPath = Path.Combine(Environment.CurrentDirectory,
"Data", "iris.data");
        static readonly string _modelPath = Path.Combine(Environment.CurrentDirectory,
"Data", "IrisClusteringModel.zip");
```

要编译上述代码，请将以下 using 指令添加到 Program.cs 文件顶部：

```
using System;
using System.IO;
```

8. 创建 ML 上下文

将以下附加 using 指令添加到 Program.cs 文件顶部：

```
using Microsoft.Data.DataView;
using Microsoft.ML;
using Microsoft.ML.Data;
```

在 Main 方法中，使用以下代码替换 Console.WriteLine("Hello World!"); 行。

```
//1.创建 机器学习 环境
var mlContext = new MLContext(seed: 0);   //创建机器学习环境
```

Microsoft.ML.MLContext 类表示机器学习环境，并提供用于数据加载、模型定型、预测和其他任务的日志记录和入口点的机制，相当于在实体框架中使用 DbContext。

9. 设置数据加载

将以下代码添加到 Main 方法以设置加载数据的方式。

```
//2.加载定型数据集的数据源
TextLoader textLoader = mlContext.Data.CreateTextReader(new TextLoader.Arguments() //设置加载数据的方式
{
    Separator = ",",
    HasHeader = false,
    Column = new[]
{
new TextLoader.Column("SepalLength", DataKind.R4, 0),  //花萼长度（厘米），输入和预测数据类中的浮点值，第 1 个值
new TextLoader.Column("SepalWidth", DataKind.R4, 1),  //花萼宽度（厘米），输入和预测数据类中的浮点值，第 2 个值
new TextLoader.Column("PetalLength", DataKind.R4, 2),  //花瓣长度（厘米），输入和预测数据类中的浮点值，第 3 个值
new TextLoader.Column("PetalWidth", DataKind.R4, 3)  //花瓣宽度（厘米），输入和预测数据类中的浮点值，第 4 个值
}
});
IDataView dataView = textLoader.Read(_dataPath);  //加载定型数据集的数据源
```

使用 LoadFromTextFile 方法的泛型 MLContext.Data.LoadFromTextFile 包装器加载数据。它返回 IDataView，该对象从 IrisData 数据模型类型推断出数据集架构，使用数据集表头并用逗号分隔。

10. 创建学习管道

对于本例，聚类分析任务的学习管道包含以下两个步骤。

（1）将加载的列连接到 Features 列，由聚类分析训练程序使用。

（2）借助 KMeansPlusPlusTrainer 训练程序使用 k－平均值 ++ 聚类分析算法来定型模型。

将以下代码添加到 Main 方法中。该代码指定该数据集应拆分为三个群集。

```
//3.创建学习管道
            string featuresColumnName = "Features";
            var pipeline = mlContext.Transforms;  //创建学习管道
                .Concatenate(featuresColumnName, "SepalLength", "SepalWidth",
"PetalLength", "PetalWidth");  //将加载的列连接到 Features 列，由聚类分析训练程序使用
                .Append(mlContext.Clustering.Trainers.KMeans(featuresColumnName,
clustersCount: 3));  //借助 KMeansPlusPlusTrainer 训练程序使用 k－平均值 ++ 聚类分析算法来定型模型
                // clustersCount 该代码指定该数据集应拆分为三个群集
```

11. 训练模型

上述步骤准备了用于定型的管道，但尚未执行。将以下代码添加到 Main 方法以执行数据加载和模型定型。

```
//4.定型模型
            var model = pipeline.Fit(dataView);  //定型模型
```

12. 保存模型

此时便有了可以集成到任何现有或新 .NET 应用程序的模型。要将模型保存为.zip 文件，需将以下代码添加到 Main 方法中。

```
//5.保存模型
            using (var fileStream = new FileStream(_modelPath, FileMode.Create, FileAccess.
Write, FileShare.Write))
            {
                mlContext.Model.Save(model, fileStream);
            }
```

13. 使用预测模型

要进行预测，需使用通过转换器管道获取输入类型实例和生成输出类型实例的 PredictionEngine<TSrc,TDst> 类。将以下代码添加到 Main 方法以创建该类的实例。

```
//6.使用预测模型
            //要进行预测，需使用通过转换器管道获取输入类型实例和生成输出类型实例的
预测器 predictor
            var predictor = model.CreatePredictionEngine<IrisData, ClusterPrediction>(mlContext);
```

14. 引入鸢尾花数据实例

```
//7.预测输入的数据，获得分类结果
        IrisData inputData = new IrisData()  //输入的数据
        {
            SepalLength = 5.1f,     //花萼长度（厘米）
            SepalWidth = 3.5f,      //花萼宽度（厘米）
            PetalLength = 1.4f,     //花瓣长度（厘米）
            PetalWidth = 0.2f       //花瓣宽度（厘米）
        };
```

15. 预测并输出结果

若要查找指定项所属的群集，需返回至 Program.cs 文件并将以下代码添加到 Main 方法。

```
//预测
        var prediction = predictor.Predict(inputData);
        //8.输出结果
        Console.WriteLine($"Cluster: {prediction.PredictedClusterId}");
        Console.WriteLine($"Distances: {string.Join(" ", prediction.Distances)}");
```

至此，已成功地生成用于鸢尾花聚类分析的机器学习模型并用于预测。可以在 dotnet/samples GitHub 存储库中找到本例的源代码。

## 6.2 Accord.NET

### 6.2.1 Accord.NET 简介

Accord.NET 为.NET 应用程序提供统计分析、机器学习、图像处理、计算机视觉相关的算法。Accord.NET 框架扩展了 AForge.NET 框架，提供了一些新功能；同时为.NET 环境下的科学计算提供了一个完整的开发环境。该框架被分成多个程序集，可以直接从官网下载安装文件或者使用 NuGet 获得。

1. 框架的功能模块

Accord.NET 框架主要有三个功能性模块：科学计算、信号与图像处理、支持组件。

下面将对三个模型的命名空间和功能进行简单介绍，以便大家更快地接触和了解其功能是否是自己想要的。

（1）科学计算。

Accord.Math：包括矩阵扩展程序、一组矩阵数值计算和分解的方法、一些约束和非约束问题的数值优化算法、一些特殊函数及其他辅助工具。

Accord.Statistics：包含概率分布、假设检验、线性和逻辑回归等统计模型和方法，隐马尔科夫模型，（隐藏）条件随机域、主成分分析、偏最小二乘判别分析、内核方法和许多其他相关技术。

Accord.MachineLearning：为机器学习应用程序提供包括支持向量机、决策树、朴素贝叶斯模型、k-means 聚类算法、高斯混合模型和通用算法（如 RANSAC），交叉验证和网格搜索等算法。

Accord.Neuro：包括大量神经网络学习算法，如 Levenberg-Marquardt、Parallel Resilient Backpropagation，Nguyen-Widrow 初始化算法，深层的信念网络和许多其他神经网络相关的算法。

（2）信号与图像处理。

Accord.Imaging：包含特征点探测器（如 Harris、SURF、FAST 和 FREAK），图像过滤器、图像匹配和图像拼接方法及一些特征提取器。

Accord.Audio：包含一些机器学习和统计应用程序所需的处理、转换过滤器及处理音频信号的方法。

Accord.Vision：实时人脸检测和跟踪，对人流图像中的一般检测、跟踪和转换方法及动态模板匹配追踪器。

（3）支持组件。支持组件主要是为上述组件提供数据显示、绘图的控件，包括以下四个命名空间。

Accord.Controls：包括科学计算应用程序常见的柱状图、散点图和表格数据浏览。

Accord.Controls.Imaging：包括用来显示和处理的图像的 WinForm 控件及一个方便快速显示图像的对话框。

Accord.Controls.Audio：包括显示波形和音频相关性信息的 WinForm 控件。

Accord.Controls.Vision：包括跟踪头部、脸部和手部运动及其他计算机视觉相关的 WinForm 控件。

2. 支持的算法介绍

下面将 Accord.NET 框架包括的主要功能算法按照类别进行介绍。

（1）分类（Classification）。支持向量机，Logistic 回归，决策树，神经网络，深度学习（深度神经网络），带贝叶斯正则化的 Levenberg-Marquardt，受限玻尔兹曼机器，序列分类，隐马尔可夫分类器和隐藏条件随机场。

（2）回归（Regression）。包括多元线性回归，多项式回归，对数回归，Logistic 回归，多项 Logistic 回归和广义线性模型，L2 正则化，L2 损失逻辑回归，L2 正则化逻辑回归，L1 正则化逻辑回归，双重形式的 L2 正则化逻辑回归和回归支持向量机。

（3）聚类（Clustering）。包括k-Means，k-Modes，Mean-Shift，GaussianMixtureModels，BinarySplit，DeepBeliefNetworks，RestrictedBoltzmannMachines。聚类算法可以应用于任意数据，包括图像、数据表、视频和音频。

（4）分配（Distributions）。包括超过40个分布的参数和非参数估计。单变量分布（如Normal、Cauchy、Hypergeometric、Poisson、Bernoulli）和专门的分布（如Kolmogorov-Smirnov、Nakagami、Weibull和Von-Mises分布）和多变量分布（如多元正态、多项式、独立、联合和混合分布。

（5）假设检验（Hypothesis Tests）。含有超过35个统计假设检验，包括单向和双向ANOVA检验，非参数检验（如Kolmogorov-Smirnov检验和中位数检验），偶然性检验表（如Kappa检验），具有变异性多个表格，以及Bhapkar和Bowker测试，还有更传统的卡方、Z、F、T和Wald测试。

（6）核方法（Kernel Methods）。核方法支持向量机、多类和多标签机、顺序最小优化、最小二乘学习、概率学习，也支持包括线性机器的特殊方法，如线性坐标下降的LIBLINEAR方法、线性牛顿法、对偶中的概率坐标下降法以及对偶和初等公式中L1和L2机器的概率牛顿法等。

（7）图像处理（Imaging）。包括兴趣点和特征点检测器，如Harris、FREAK、SURF和FAST，灰度共生矩阵，边界跟随，视觉词袋（BoW），基于RANSAC的单应性估计，积分图像，Haralick纹理特征提取及密集描述符（如定向梯度直方图HOG和局部二进制模式LBP）。用于图像处理应用的图像滤波器，如高斯差分（Gabor、Niblack和Sauvola阈值）。

（8）音频和信号（Audio and Signal）。包括加载、解析、保存、过滤和转换音频信号（如在空间和频域中应用音频处理滤波器），WAV文件，音频捕获，时域滤波器（如信封，高通，低通，波整流滤波器），频域操作器（如差分整流滤波器和具有Dirac三角函数的梳状滤波器），余弦、脉冲、方波信号的信号发生器。

（9）视觉（Vision）。包括实时人脸检测和跟踪，及检测、跟踪和转换图像流中对象的一般方法；包含级联定义、Camshift和动态模板匹配跟踪器；包括预先创建的人脸分类器和一些面部特征（如鼻子）。

### 6.2.2 Accord.NET示例

1. 训练SVM解决XOR分类问题

异或问题的原理：相同为真，不同为假。[9]

需要导入使用的包：Accord.MachineLearning、Accord.Controls、Accord.Math、Accord.Statistics。

代码如下：

```
using Accord.Controls;
using Accord.MachineLearning.VectorMachines.Learning;
using Accord.Math.Optimization.Losses;
using Accord.Statistics;
using Accord.Statistics.Kernels;
using System;

namespace Support_Vector_Machines
{
    class Program
    {
        static void Main(string[] args)
        {
            double[][] inputs =
            {
                new double[] { 0, 0 },
                new double[] { 1, 0 },
                new double[] { 0, 1 },
                new double[] { 1, 1 },
            };
            int[] outputs =
            {
                0,
                1,
                1,
                0,
            };

            //Create the learning algorithm with the chose kernel
            var smo = new SequentialMinimalOptimization<Gaussian>()
            {
                Complexity = 100
            };

            //Use the algorithm to learn the svm
            var svm = smo.Learn(inputs, outputs);
```

```
            //Compute the machina`s answer for the given inputs
            bool[] prediction = svm.Decide(inputs);

            //Compute the classification error between the expected
            //values and the values actually predicted by the machine
            double error = new AccuracyLoss(outputs).Loss(prediction);

            Console.WriteLine("Error:" + error);

            //Show results on screen
            ScatterplotBox.Show("Training data", inputs, outputs);
            ScatterplotBox.Show("SVM results", inputs, prediction.ToZeroOne());

            Console.ReadKey();
        }
    }
}
```

运行结果如图6-2所示。

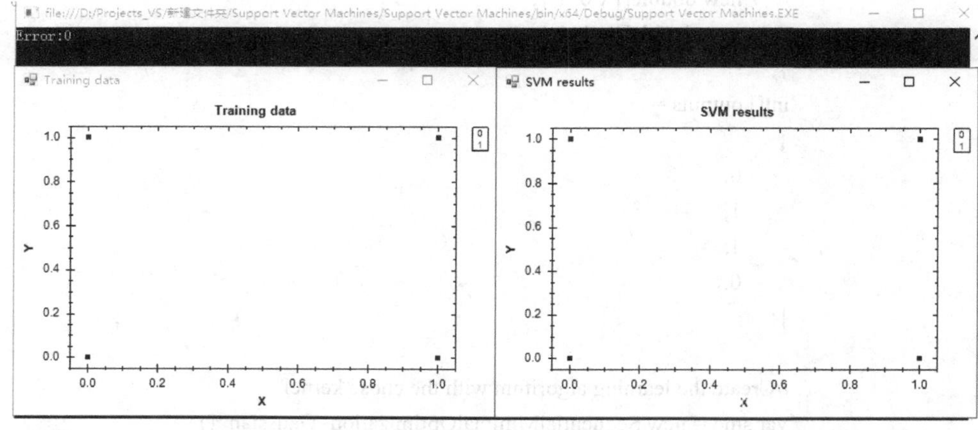


图6-2　运行结果

2. 采用Accord.Vision和DirectShow进行视频捕获

无论是人脸检测与跟踪、手势识别还是运动检测，首先需要调度Camera硬件，并能够实时地从Camera中获取单帧图像，以备进一步的图像处理、分析和特征提取。本例通过调用Accord.Vision类库，实时地从设备捕获的流中提取单帧图像。

视频捕获类库的代码如下：

```
using System;
using System.Collections.Generic;
using System.Diagnostics;
using System.Drawing;
using System.Windows.Forms;
using Accord;
using Accord.Imaging;
using Accord.Imaging.Filters;
using Accord.Math.Geometry;
//install-package Accord.Video.DirectShow
using Accord.Video.DirectShow;
//install-package Accord.Vision
using Accord.Vision.Detection;
using Accord.Vision.Detection.Cascades;
namespace Models.Devices
{
    public class DVCapture
    {
        // stop watch for measuring fps
        private static Stopwatch sw = null;
        public bool IsRunning { set; get; }
        public VideoCaptureDevice videoSource;
        public event Action<Bitmap> NewFrameArrived;

        //1.不指明设备则提供选择窗口进行选择
        public DVCapture InitVideoDevice()
        {
            var getCaptureDeviceForm = new VideoCaptureDeviceForm();
            if (getCaptureDeviceForm.ShowDialog() == DialogResult.OK)
            {
                videoSource = getCaptureDeviceForm.VideoDevice;
                videoSource.NewFrame += VideoSource_NewFrame;
            }
            return this;
        }
        //指明设备则直接启动该设备
        public DVCapture InitVideoDevice(int deviceIndex)
        {
            var videoDevices = new FilterInfoCollection(FilterCategory.VideoInputDevice);
```

```
            if (deviceIndex>-1&&videoDevices.Count > 0 &&
deviceIndex<videoDevices.Count)  //如果有视频捕获设备，且指定的设备索引在拥有设备
的范围之内
            {
                videoSource = new VideoCaptureDevice(videoDevices[deviceIndex].
MonikerString);
                videoSource.NewFrame += VideoSource_NewFrame;
            }
            return this;
        }
        private void VideoSource_NewFrame(object sender,
Accord.Video.NewFrameEventArgs eventArgs)
        {
            var bmp = (Bitmap)eventArgs.Frame.Clone();
            NewFrameArrived?.Invoke(bmp);
        }
        public void Start()
        {
            videoSource.Start();
            IsRunning = true;
        }
        public void Stop()
        {
            if (videoSource?.IsRunning == true)
            {
                videoSource.Stop();
                IsRunning = false;
            }
        }

        public static Tuple<Bitmap,string> FaceDetector(Bitmap bmp)
        {
            HaarObjectDetector detector;
            var cascade = new FaceHaarCascade();
            detector = new HaarObjectDetector(cascade, 30);

            detector.SearchMode = ObjectDetectorSearchMode.Average;
            detector.ScalingFactor = 1.5F;
            detector.ScalingMode = ObjectDetectorScalingMode.GreaterToSmaller;
            detector.UseParallelProcessing = true;
```

```
            detector.Suppression = 3;

            sw = Stopwatch.StartNew();

            Rectangle[] faceObjects = detector.ProcessFrame(bmp);
            sw.Stop();

            Graphics g = Graphics.FromImage(bmp);
            foreach (var face in faceObjects)
            {
                g.DrawRectangle(Pens.DeepSkyBlue, face);
            }
            g.Dispose();
            return new Tuple<Bitmap, string>(bmp, "Found " + faceObjects.Length +
" faces in " + sw.ElapsedMilliseconds + " miliseconds.");
        }
        public static List<Bitmap> GetContoursPic(Bitmap source)
        {
            int CardWidth = 200;      //Card width for scaling
            int CardHeight = 300;     //Card height for scaling
            Bitmap temp = source.Clone() as Bitmap;  //复制原始图像
            //第一步，将图像去色（即灰度化）。去色是一种将彩色图像转换成 8bit 图
像的操作。我们需要将彩色图像转换为灰度图像以便对其进行二值化。二值化（阈值化）
是将灰度图像转换为黑白图像的过程。本书使用 Otsu 方法进行全局阈值化
            FiltersSequence seq = new FiltersSequence();
            seq.Add(Grayscale.CommonAlgorithms.BT709);  //首先添加灰度滤镜
            seq.Add(new OtsuThreshold());  //接着添加二值化滤镜
            temp = seq.Apply(source);  //应用滤镜
            //有了二值图像后，就可以用 BLOB 处理法检测扑克牌。我们使用 BlobCounter
类完成这项任务。该类利用连通区域标记算法统计并提取出图像中的独立对象
            BlobCounter extractor = new BlobCounter();
            extractor.FilterBlobs = true;
            extractor.MinWidth = extractor.MinHeight = 150;
            extractor.MaxWidth = extractor.MaxHeight = 550;
            extractor.ProcessImage(temp);
            //执行完上述代码后，BlobCounter 类会过滤掉（去除）宽度和高度不在
[150,550]像素之间的斑点（blob，即图块 blob，图像中的独立对象。以下将改称图块），
这有助于我们区分出图像中的其他物体（如果有）。根据测试环境的不同，我们需要改变
滤镜参数。例如，假设地面与相机之间的距离增大，则图像会变小，此时，我们需要相应
地改变最小、最大宽度和高度参数
```

```
            //Will be used transform(extract) cards on source image
            QuadrilateralTransformation quadTransformer = new QuadrilateralTransformation();
            //Will be used resize(scaling) cards
            ResizeBilinear resizer = new ResizeBilinear(CardWidth, CardHeight);
            List<Bitmap> imgList = new List<Bitmap>();
            foreach (Blob blob in extractor.GetObjectsInformation())
            {
                //现在，我们可以通过调用 extractor.GetObjectsInformation()方法得到所
有图块的信息（边缘点、矩形区域、中心点、面积、完整度等）；然而，我们只需要用图
块的边缘点来计算矩形区域中心点，并通过调用 PointsCloud.FindQuadriteralCorners 函数
来计算
                //Get Edge points of card
                List<IntPoint> edgePoints = extractor.GetBlobsEdgePoints(blob);
                //Calculate/Find corners of card on source image from edge points
                List<IntPoint> corners = PointsCloud.FindQuadrilateralCorners(edgePoints);
                quadTransformer.SourceQuadrilateral = corners; //Set corners for
transforming card
                quadTransformer.AutomaticSizeCalculaton = true;
                Bitmap cardImg = quadTransformer.Apply(source); //Extract(transform)
card image
                if (cardImg.Width < cardImg.Height) //If card is positioned horizontally
                    cardImg.RotateFlip(RotateFlipType.Rotate90FlipNone); //Rotate
                cardImg = resizer.Apply(cardImg); //Normalize card size
                imgList.Add(cardImg);
            }
            return imgList;
        }
    }
}
```

上述类库代码中提供了两个初始化设备函数——InitVideoDevice()和 InitVideoDevice(int deviceIndex)，当用户不知道系统提供的设备编号时，采用 InitVideoDevice()调度视频设备来选择和设置窗口，人工选择视频设备；当开发人员知道调度第几个视频设备时，可以直接通过指定设备序号调度相应的视频捕获设备。当视频抵达时，通过调用 videoSource.NewFrame += VideoSource_NewFrame 委托进行单帧图像处理。类库提供 Start()和 Stop()方法来启动和停止设备，并提供一个 public static Tuple<Bitmap,string> FaceDetector(Bitmap bmp)方法从捕获的图像中进行人脸检测。

3. 在 WPF 界面 MainWindow.xaml 中添加 XAML 代码

```
<Window x:Class="ThermalImagerAnalyzer.MainWindow"
        xmlns="http://schemas.microsoft.com/winfx/2006/xaml/presentation"
        xmlns:x="http://schemas.microsoft.com/winfx/2006/xaml"
        xmlns:d="http://schemas.microsoft.com/expression/blend/2008"
        xmlns:mc="http://schemas.openxmlformats.org/markup-compatibility/2006"
        xmlns:local="clr-namespace:ThermalImagerAnalyzer"
        mc:Ignorable="d"
        Title="MainWindow"
        x:Name="MainWindowFrame" Closed="MainWindowFrame_Closed" WindowState=
"Maximized">
    <Grid>
        <Grid.ColumnDefinitions>
            <ColumnDefinition Width="320"/>
            <ColumnDefinition Width="*"/>
            <ColumnDefinition Width="220"/>
        </Grid.ColumnDefinitions>
        <Grid Grid.Column="0" Background="Beige">
            <Grid.RowDefinitions>
                <RowDefinition Height="240"></RowDefinition>
                <RowDefinition Height="48"></RowDefinition>
                <RowDefinition Height="240"></RowDefinition>
                <RowDefinition Height="200*"></RowDefinition>
            </Grid.RowDefinitions>
            <Image x:Name="VideoPlayer" Grid.Row="0" Width="320" Height="240">
</Image>
            <Grid   Grid.Row="1">
            <WrapPanel HorizontalAlignment="Left" Height="48" Width="320"
VerticalAlignment="Top" Background="#FFECF3EF">
                    <Image  x:Name="Button_Snapshot"  Margin="10,2,2,2"  Height="40"
Width="40"   Source="Images/Snapshot.png" MouseUp="Button_Snapshot_MouseUp"/>
                    <Image Margin="2,2,2,2"   Height="40" Width="40" Source=
"Images/Previous.png"/>
                    <Image Margin="2,2,2,2"   Height="40" Width="40" Source=
"Images/Back.png"/>
                    <Image Margin="2,2,2,2"   Height="40" Width="40" Source=
"Images/Play.png"/>
                    <!--<Image Margin="2,2,2,2"   Height="40" Width="40" Source=
"Images/Stop.png"/>
                    <Image Margin="2,2,2,2"   Height="40" Width="40" Source=
```

```
"Images/Pause.png"/>-->
                    <Image Margin="2,2,2,2"  Height="40" Width="40" Source=
"Images/Forward.png"/>
                    <Image Margin="2,2,2,2"  Height="40" Width="40" Source=
"Images/Next.png"/>
                    <Image Margin="2,2,2,2"  Height="40" Width="40" Source=
"Images/Record.png"/>
                    <!--<Image Margin="2,2,2,2"  Height="40" Width="40" Source=
"Images/Recording.png"/>-->
                </WrapPanel>
            </Grid>
            <Image x:Name="ImageShower" Grid.Row="2" Width="320" Height=
"240"></Image>
        </Grid>

        <Grid Grid.Column="1" Background="Green">
            <Grid.ColumnDefinitions>
                <ColumnDefinition Width="19*"/>
                <ColumnDefinition Width="131*"/>
            </Grid.ColumnDefinitions>
            <Grid.RowDefinitions>
                <RowDefinition Height="293*"></RowDefinition>
                <RowDefinition Height="200*"></RowDefinition>
            </Grid.RowDefinitions>
        </Grid>

        <Grid Grid.Column="2" Background="Gray">
            <Grid.ColumnDefinitions>
                <ColumnDefinition Width="19*"/>
                <ColumnDefinition Width="131*"/>
            </Grid.ColumnDefinitions>
            <Grid.RowDefinitions>
                <RowDefinition Height="293*"></RowDefinition>
                <RowDefinition Height="200*"></RowDefinition>
            </Grid.RowDefinitions>
        </Grid>
    </Grid>
</Window>
```

上述XAML代码描述了一个图形化的界面，实时显示从设备触发事件中获得的图像，该图像用语句<Image x:Name="VideoPlayer" Grid.Row="0" Width= "320"

Height="240"></Image>显示。

4. 在 WPF 后台 MainWindow.cs 中添加 C#代码

```
using Models.Devices;
using System;
using System.Collections.Generic;
using System.Drawing;
using System.Linq;
using System.Text;
using System.Threading.Tasks;
using System.Windows;
using System.Windows.Controls;
using System.Windows.Data;
using System.Windows.Documents;
using System.Windows.Input;
using System.Windows.Media;
using System.Windows.Media.Imaging;
using System.Windows.Navigation;
using System.Windows.Shapes;
using System.Windows.Threading;
namespace ThermalImagerAnalyzer
{
    /// <summary>
    /// MainWindow.xaml 的交互逻辑
    /// </summary>
    public partial class MainWindow : Window
    {
        DVCapture camera1;
        public MainWindow()
        {
            InitializeComponent();
            camera1 = new DVCapture().InitVideoDevice(0);
            camera1.NewFrameArrived += Camera1_NewFrameArrived;
            camera1.Start();
            BitmapSizeOptions.FromEmptyOptions();
        }
        private void Camera1_NewFrameArrived(Bitmap bmp)
        {
            this.Dispatcher.Invoke(DispatcherPriority.Normal,
(System.Threading.ThreadStart)delegate ()
            {
```

```
                this.VideoPlayer.Source =
                System.Windows.Interop.Imaging.CreateBitmapSourceFromHBitmap
(bmp.GetHbitmap(),    //此处是一个需要转换的 Bitmap 对象
                            IntPtr.Zero,
                            Int32Rect.Empty,
                            BitmapSizeOptions.FromEmptyOptions());
            });
        }

        private void Button_Snapshot_MouseUp(object sender, MouseButtonEventArgs e)
        {
            var bmp = CaptureImage();
            this.ImageShower.Source = System.Windows.Interop.Imaging.CreateBitmap-
SourceFromHBitmap(bmp.GetHbitmap(),    //此处是一个需要转换的 Bitmap 对象
                            IntPtr.Zero,
                            Int32Rect.Empty,
                            BitmapSizeOptions.FromEmptyOptions());
        }
        private Bitmap CaptureImage()
        {
            Bitmap bmp = null;
            // camera1.videoSource.Stop();
            using (System.IO.MemoryStream ms = new System.IO.MemoryStream())
            {
                BmpBitmapEncoder encoder = new BmpBitmapEncoder();
                encoder.Frames.Add(BitmapFrame.Create((BitmapSource)this.VideoPlayer.
Source));
                encoder.Save(ms);
                bmp = new Bitmap(ms);
            }
            // camera1.videoSource.Start();
            return bmp;
        }

        private void MainWindowFrame_Closed(object sender, EventArgs e)
        {
            System.Environment.Exit(0);
        }
    }
}
```

图形窗口的部分 MainWindow 类中，采用 C#代码对 camera1=new DVCapture().InitVideoDevice(0); 设备进行初始化，并注册其帧抵达事件 camera1.NewFrameArrived += Camera1_NewFrameArrived，通过开启新线程异步调用显示图像。

```
this.Dispatcher.Invoke(DispatcherPriority.Normal, (System.Threading.ThreadStart)delegate ()
    {
            this.VideoPlayer.Source =
            System.Windows.Interop.Imaging.CreateBitmapSource-FromHBitmap (bmp.
GetHbitmap(),  //此处是一个需要转换的 Bitmap 对象
                        IntPtr.Zero,
                        Int32Rect.Empty,
                        BitmapSizeOptions.FromEmptyOptions());
    });
```

该类中提供了一个 CaptureImage()方法从帧中复制一幅图像并等待处理，系统的运行界面如图 6-3 所示。

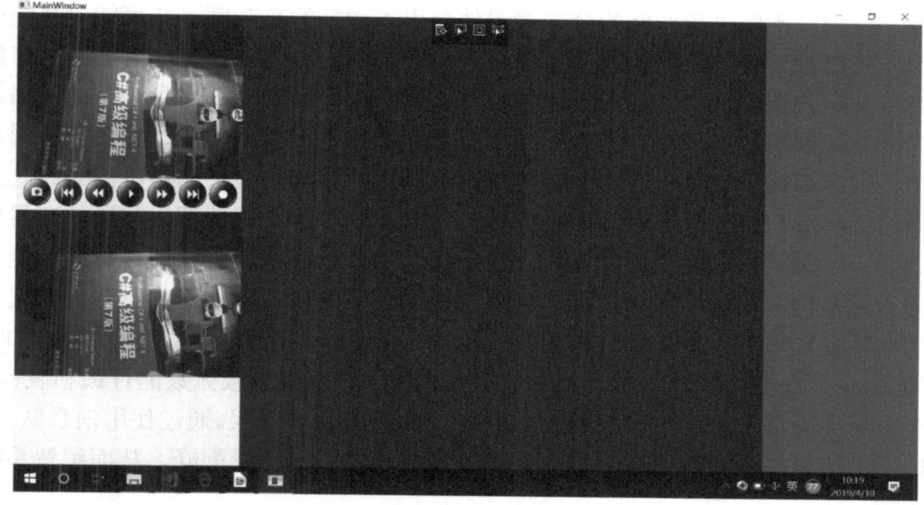


图 6-3　运行界面

# 第 7 章　大规模并发访问的请求串行化与消息队列

## 7.1　需要消息队列的原因

随着网络基础设施的逐步成熟，从 RPC 进化到 Web Service，并在业界开始普遍推行 SOA，再到后来的 REST-ful 平台及云计算中的 PaaS 与 SaaS 概念的推广，分布式架构在企业应用中开始呈现井喷趋势。分布式系统具有高复杂性和不可控性，在分布式架构中要尽可能地重用分布式服务组件，以解除客户端与服务端的耦合，驻留在不同进程空间的分布式组件会引入额外的复杂度，并可能对系统的效率、可靠性、可预测性等诸多方面带来负面影响。因此设计者一方面需要审慎地对待分布式调用，另一方面设计者也要正确审视分布式系统自身存在的缺陷。也许分布式调用的第一原则就是不要分布式，然而不可否认的是，在企业应用系统中，很难寻找到完全不需要分布式调用的场合，我们总是会面对不同系统之间的通信、集成与整合，尤其当面临异构系统时，这种分布式的调用与通信变得更加重要。这就是问题之一，如果在项目中已经引入分布式或者系统本身已经是一个分布式架构，则需要接入消息队列系统来减轻系统服务器的压力。在分布式系统的高并发环境下，由于部分请求来不及同步处理，请求往往会发生堵塞，如大量的 insert、update 等请求同时到达数据库系统，将直接导致无数的行锁和表锁，甚至最后会因请求堆积过多而触发 too many connections 错误。通过使用消息队列，我们不但可以解耦应用，同时可以异步处理请求，进行流量削峰，从而缓解系统的压力。

### 7.1.1　异步处理

在系统中经常需要发送邮件或短信，与用户进行交互以保证系统的关键操作安全。比如用户注册后，需要发送注册邮件和注册短信，有三种异步处理的发送方式[10]：串行、并行和引入消息队列。

（1）串行方式（图 7-1）。将注册信息写入数据库后，发送注册邮件，再发送注册短信，以上三个任务全部完成后才返回给客户端。其中有一个问题是邮件、短信并不是必需的，只是起通知作用，这种做法没有必要让客户端等待。

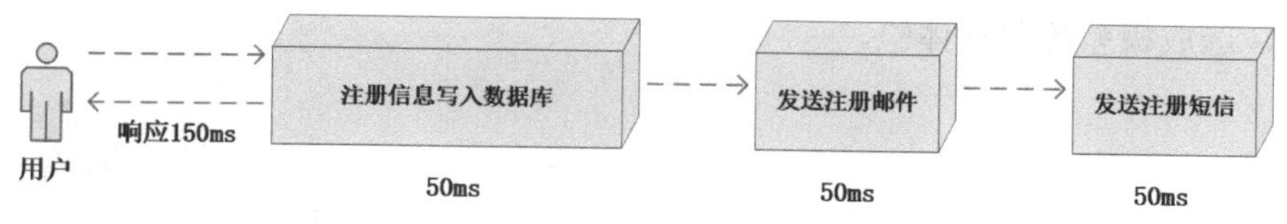


图 7-1　串行方式

（2）并行方式（图 7-2）。将注册信息写入数据库后，发送邮件的同时发送短信，以上 3 个任务完成后，返回给客户端。并行方式能缩短处理的时间。

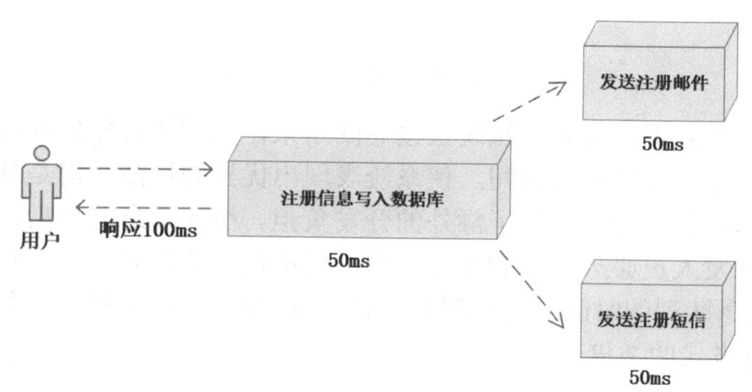


图 7-2　并行方式

假设 3 个业务节点各使用 50ms，不考虑网络等其他开销，则串行方式的时间是 150ms，并行方式的时间可能是 100ms。因为 CPU 在单位时间内处理的请求数是一定的，假设 CPU 吞吐量是 100 次 1s，则串行方式 1s 内 CPU 可处理的请求量是 7 次（1000/150）；并行方式 1s 内处理的请求量是 10 次（1000/100）。虽然并行方式已经缩短了处理时间，但邮件和短信对我们正常使用网站没有任何影响，客户端没有必要等等其发送完成才显示注册成功，应该写入数据库后就返回。根据以上对案例的描述，传统的同步方式会使系统的性能（并发量、吞吐量、响应时间）产生瓶颈。如何解决这个问题呢？

（3）消息队列（图 7-3）。引入消息队列，不是必须的异步处理业务逻辑。按照以上约定，用户的响应时间相当于注册信息写入数据库的时间，也就是 50ms。注册邮件、发送短信写入消息队列后，直接返回，因此写入消息队列的速度很快，基本可以忽略不计，用户的响应时间可能是 50ms。因此架构改变后，系统的吞吐量提高到 20QPS，比串行方式提高了近 3 倍，比并行方式提高了两倍。如果图 7-3 采用传统的同步方式处理，由于短信网关具有独占性和邮箱发送服务具有高网络延迟，系统同步等待结果返回而延迟响应，则用户会超长等待，表现为系统性能不足，造成极差的用户体验。

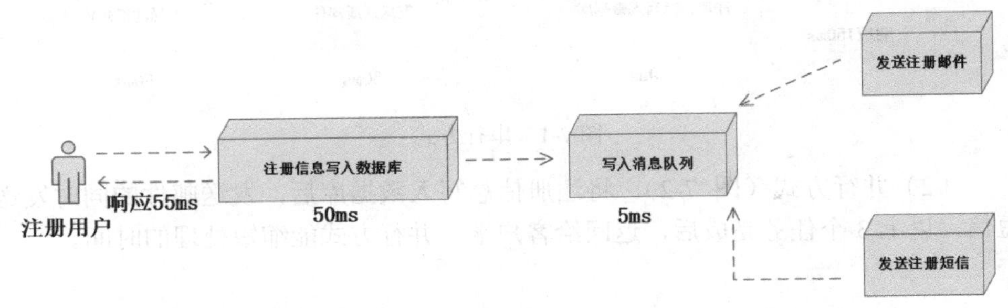


图 7-3 消息队列

若采用异步处理的方式，系统直接返回结果，无须等待短信和邮件抵达，其响应时长只是本服务处理的时间，使系统表现出优异的性能。但是开发人员需要处理线程间的通信问题，造成了额外的开发负担。引入消息队列后，发送邮件、短信就不是开发人员必须处理的业务逻辑，且用户的响应时间等于写入数据库的时间+写入消息队列的时间（可以忽略不计），经处理后，响应时间是串行方式的3倍，是并行方式的2倍。

### 7.1.2 应用解耦

在高并发的场景下，如平台举办某种促销活动，会导致在极短的时间内产生海量的订单。订单交易是一个原子事务，要求用户下单、付款、库存出库、系统结算等业务形成一个事务执行，在数据库中表现为一系列SQL指令，传统做法是订单系统调用库存系统的接口紧耦合方式，这种做法在高并发的情况下势必造成请求线程暴涨，导致数据库线程池不能满足请求数，长时间的等待会因超时导致下单失败，且会形成雪崩式的连锁反应，导致服务器压力过高而宕机重启，而重启后，请求风暴会再次蜂拥而至。

场景说明：用户下单后，订单系统需要通知库存系统，传统的做法是订单系统调用库存系统，如图7-4所示。

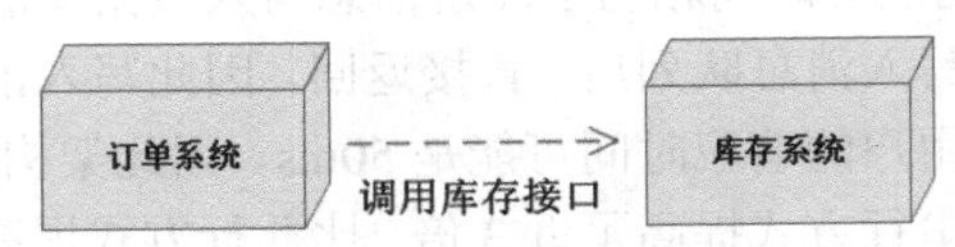


图 7-4 订单系统调用库存系统

如何解决以上问题呢？图7-5所示为引入应用消息队列后的方案。

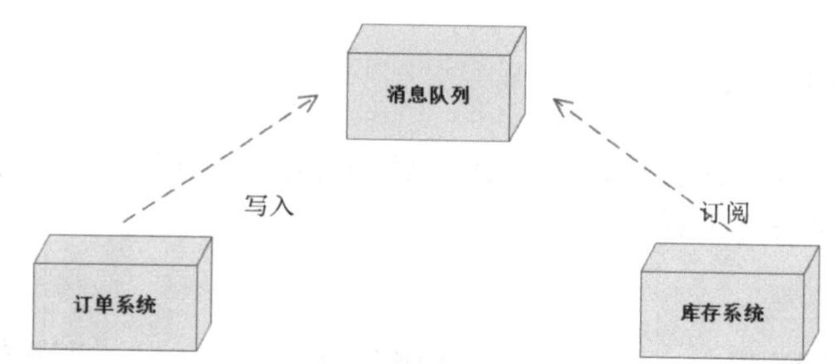


图 7-5 引入应用消息队列后的方案

用户下单后，订单系统完成持久化处理，将消息写入消息队列，返回用户订单，下单成功。库存系统采用拉/推的方式订阅下单的消息，获取下单信息，根据下单信息进行库存操作。即使下单时库存系统不能正常使用，也不影响正常下单，因为下单后，订单系统写入消息队列就不再关心其他后续操作了。实现订单系统与库存系统的应用解耦，形成了一个松耦合的生产消费者机制。

### 7.1.3 流量削峰

流量削峰一般广泛应用在平台秒杀活动（图 7-6）中，秒杀活动一般会因流量过大导致应用服务器宕机。为了解决这个问题，一般在应用前端加入消息队列。消息队列以极快的方式，顺序、串行化存储抵达的订单消息，并对所有订单进行持久化处理，以保证先来先服务。控制消息队列的长度可以控制活动人数，超过一定阀值的订单直接丢弃。

图 7-6 秒杀活动

采用消息队列可以缓解短时间的高流量压垮应用程序（应用程序按自己的最大处理能力获取订单），表现在以下方面。

（1）服务器收到请求之后，首先写入消息队列，当消息队列长度超过最大值时则直接抛弃用户请求或跳转到错误页面。

（2）秒杀业务根据消息队列中的请求信息做后续处理。

流量削锋也是消息队列中的常用场景，一般在秒杀或团抢活动中广泛使用。

### 7.1.4 日志处理

是指将消息队列用在日志处理中（比如 Kafka 的应用），解决大量日志传输的问题，其架构如图 7-7 所示。

图 7-7 日志处理的架构

- 日志采集客户端：负责日志数据采集，定时写入 Kafka 队列。
- Kafka 消息队列：负责日志数据的接收、存储和转发。
- 日志处理应用：订阅并消费 Kafka 队列中的日志数据。

图 7-8 是新浪 Kafka 日志处理案例。

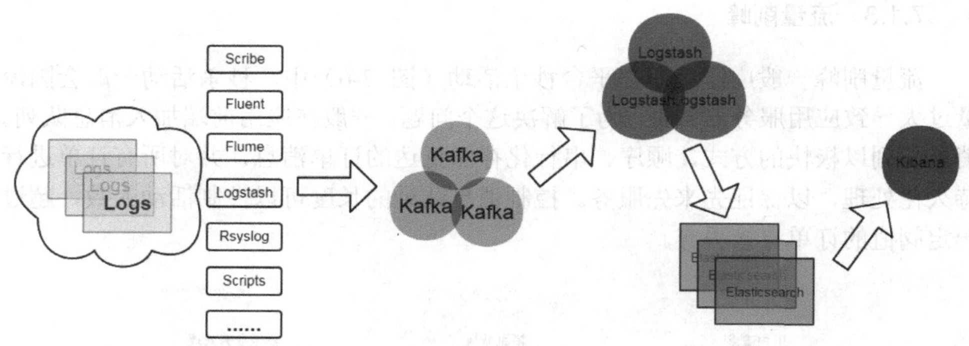


图 7-8 新浪 Kafka 日志处理案例

（1）Kafka：接收用户日志的消息队列。

（2）Logstash：做日志解析，统一成 JSon 输出给 Elastic search。

（3）Elastic search：实时日志分析服务的核心技术——一个 schemaless，实时的数据存储服务，通过 Index 组织数据，兼具强大的搜索和统计功能。

（4）Kibana：基于 Elastic search 的数据可视化组件，超强的数据可视化能力是众多公司选择 ELK stack 的重要原因。

### 7.1.5 消息通信

消息通信是指消息队列一般内置高效的通信机制，因此可以用在纯的消息通信中，比如实现点对点消息队列或者聊天室等。点对点通信如图 7-9 所示。

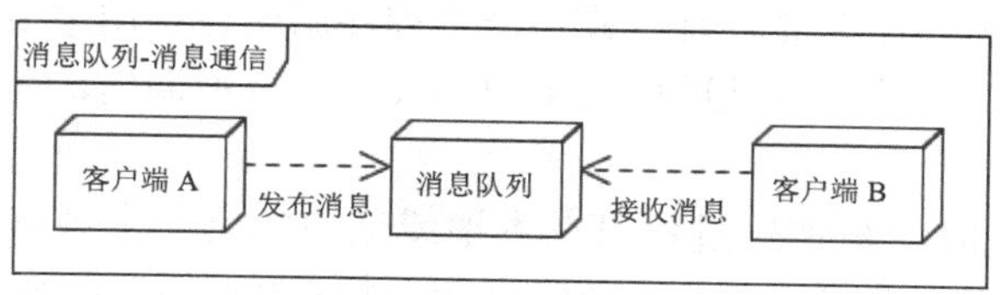


图 7-9　点对点通信

客户端 A 和客户端 B 使用同一个队列进行消息通信。聊天室通信如图 7-10 所示。

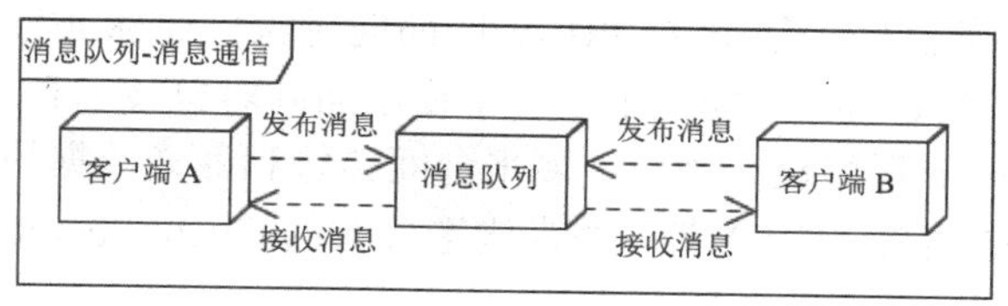


图 7-10　聊天室通信

客户端 A、客户端 B、客户端 N 订阅同一个主题进行消息发布和接收，实现类似聊天室效果。以上实际是消息队列的两种消息模式——点对点和发布订阅模式。

# 7.2　消息队列技术的介绍和原理

消息队列技术是分布式应用间交换信息的一种技术。消息队列可驻留在内存或磁盘上，队列存储消息直到其被应用程序读走。通过消息队列，应用程序可独立地执行——它们不需要知道彼此的位置或在继续执行前不需要等待接收程序接收此消息。

## 7.2.1　消息中间件概述

在分布式计算环境中，为了集成分布式应用，开发者需要对异构网络环境下的分布式应用提供有效的通信手段。为了管理需要共享的信息，对应用提供公共的信息交换机制是重要的。

1. 分布式应用的方法

设计分布式应用的主要方法：远程过程调用（PRC），分布式计算环境（DCE）的基础标准成分之一；对象事务监控（OTM），基于 CORBA 的面向对象工业标准与事务处理（TP）监控技术的组合；消息队列（MQ），构造分布式应用的松耦合方法。

（1）远程过程调用。RPC是DCE的成分，是一个由开放软件基金会（OSF）发布的应用集成的软件标准。RPC模仿一个程序用函数引用来引用另一个程序的传统程序设计方法，此引用是过程调用的形式，一旦被调用，程序的控制则转向被调用程序。

在RPC实现时，被调用过程可在本地或远地的另一个系统中驻留并执行。被调用程序完成处理输入数据后，结果放在过程调用的返回变量中返回到调用程序。RPC完成后程序控制则立即返回到调用程序。因此RPC模仿子程序的调用/返回结构，仅提供了Client（调用程序）和Server（被调用过程）间的同步数据交换。

（2）对象事务监控。基于CORBA的面向对象工业标准与事务处理（TP）监控技术的组合。在CORBA规范中定义了使用面向对象技术和方法的体系结构；公共的Client/Server程序设计接口；多平台间传输和翻译数据的指导方针；开发分布式应用接口的语言（IDL）等，并为构造分布的Client/Server应用提供了广泛及一致的模式。

（3）消息队列。消息队列为构造以同步或异步方式实现的分布式应用提供了松耦合方法。消息队列的API调用被嵌入到新的或现存的应用中，通过消息发送到内存或基于磁盘的队列或从它读出而提供信息交换。消息队列可用在应用中以执行多种功能，如要求服务、交换信息或异步处理等。

2. 中间件与消息队列

中间件是一种独立的系统软件或服务程序，分布式应用系统借助中间件在不同的技术之间共享资源，管理计算资源和网络通信。它在计算机系统中是一个关键软件，能实现应用的互连和互操作性，保证系统安全、可靠、高效地运行。中间件位于用户应用程序和操作系统及网络软件之间，为应用提供了公用的通信手段，并且独立于网络和操作系统。中间件为开发者提供了公用于所有环境的应用程序接口，当应用程序中嵌入其函数调用，便可利用其运行的特定操作系统和网络环境的功能，为应用执行通信功能。

如果没有消息中间件完成信息交换，应用开发者为了传输数据，必须学会如何用网络和操作系统软件的功能编写相应的应用程序来发送和接收信息，且交换信息没有标准方法，每个应用必须进行特定的编程，从而与多平台、不同环境下的一个或多个应用进行通信。例如，为了实现网络上不同主机系统间的通信，要求具备网络上交换信息的知识（比如用TCP/IP的Socket程序设计）；为了实现同一个主机内不同进程之间的通信，要求具备操作系统的消息队列或命名管道（Pipes）等知识。

目前中间件的种类很多，如交易管理中间件（如IBM的CICS）、面向Java

应用的 Web 应用服务器中间件（如 IBM 的 WebSphere Application Server）等，而消息传输中间件（MOM）是其中一种。它简化了应用之间数据的传输，屏蔽底层异构操作系统和网络平台，提供一致的通信标准和应用开发，确保分布式计算网络环境下可靠的、跨平台的信息传输和数据交换。它基于消息队列的存储-转发机制，并提供特有的异步传输机制，能够基于消息传输和异步事务处理实现应用整合与数据交换。

IBM 消息中间件 MQ 以其独特的安全机制、简便快速的编程风格、卓越不凡的稳定性、可扩展性和跨平台性，以及强大的事务处理能力和消息通信能力，成为业界市场占有率最高的消息中间件产品之一。

MQ 具有强大的跨平台性，支持的平台多达 35 种。它支持各种主流 UNIX 操作系统平台，如 HP-UX、AIX、SUN Solaris、Digital UNIX、Open VMX、SUNOS、NCR UNIX；支持各种主机平台，如 OS/390、MVS/ESA、VSE/ESA；同样支持 Windows NT 服务器。在 PC 平台上支持 Windows 9X/Windows NT/Windows 2000、UNIX（UNIXWare、Solaris）及主要的 Linux 版本（Redhat、TurboLinux 等）。此外，MQ 还支持其他各种操作系统平台，如 OS/2、AS/400、Sequent DYNIX、SCO OpenServer、SCO UNIXWare、Tandem 等。

3. MQ 相关的基本概念

（1）队列管理器。队列管理器是 MQ 系统中最上层的一个部分，它为我们提供基于队列的消息服务。

（2）消息。在 MQ 中，把应用程序交由 MQ 传输的数据定义为消息，我们可以定义消息的内容并对其进行广义的理解，如用户的各种类型的数据文件、某个应用向其他应用发出的处理请求等都可以作为消息。消息由两部分组成：消息描述符（Message Discription 或 Message Header），描述消息的特征，如消息的优先级、生命周期、消息 ID 等；消息体（Message Body），即用户数据部分。

在 MQ 中，消息分为两种类型：非永久性（Non-persistent）消息和永久性（Persistent）消息。非永久性消息是存储在内存中的，它是为了提高系统性能而设计的，当系统掉电或 MQ 队列管理器重新启动时，将不可恢复。当用户对消息的可靠性要求不高，而侧重系统的性能表现时，可以采用该种类型的消息，如当发布股票信息时，由于股票信息是不断更新的，我们可能每几秒就会发布一次，新的消息会不断覆盖旧的消息。永久性消息是存储在硬盘上且纪录数据日志的，具有高可靠性，在网络和系统发生故障的情况下能确保消息不丢、不重复。

此外，在 MQ 中，还有逻辑消息和物理消息的概念。利用逻辑消息和物理消息，我们可以将大消息分段处理，也可以将若干个本身完整的消息在应用逻辑上归为一组进行处理。

（3）队列。队列是消息的安全存放地，消息存储在队列，直到它被应用程序处理。消息队列以下述方式工作。

1）程序 A 形成对消息队列系统的调用，此调用告知消息队列系统，消息准备好了投向程序 B。

2）消息队列系统发送此消息到程序 B 驻留处的系统，并将它放到程序 B 的队列中。

3）适当时间后，程序 B 从它的队列中读此消息，并处理此信息。

由于采用了先进的程序设计思想及内部工作机制，MQ 能够在各种网络条件下保证消息的可靠传递，可以克服网络线路质量差或不稳定的现状。在传输过程中，如果通信线路出现故障或远端的主机发生故障，本地的应用程序都不会受到影响，可以继续发送数据，而无须等待网络故障恢复或远端主机正常后重新运行。

在 MQ 中，队列有很多种类型，其中包括本地队列、远程队列、模板队列、动态队列、别名队列等。

本地队列又分为普通本地队列和传输队列。普通本地队列是应用程序通过 API 对其进行读/写操作的队列；传输队列可以理解为存储-转发队列，比如我们将某个消息交给 MQ 系统发送到远程主机，而此时网络发生故障，MQ 将此消息暂存在传输队列中，当网络恢复时发往远端目的地。

远程队列是目的队列在本地的定义，类似于一个地址指针，指向远程主机上的某个目的队列，它仅仅是一个定义，不真正占用磁盘存储空间。

模板队列和动态队列是 MQ 的特色，它的一个典型用途是用作系统的可扩展性。可以创建一个模板队列，当今后需要新增队列时，每打开一个模板队列，MQ 便会自动生成一个动态队列，还可以指定该动态队列是临时队列还是永久队列。若为临时队列，可以在关闭它的同时将它删除；若为永久队列，则将它永久保留。

（4）通道。通道是 MQ 系统中队列管理器之间传递消息的管道，是建立在物理的网络连接之上的一个逻辑概念，也是 MQ 产品的精华。

在 MQ 中主要有三大通道类型，即消息通道、MQI 通道和集群（Cluster）通道。消息通道用于在 MQ 的服务器与服务器之间传输消息，是单向的，又分为发送（Sender）、接收（Receive）、请求者（Requestor）、服务者（Server）等不同类型，供用户在不同情况下使用。MQI 通道用于在 MQ Client 与 MQ Server 之间通信和传输消息，与消息通道不同，它的传输是双向的。群集通道用于同一个 MQ 群集内部的队列管理器之间通信。

### 7.2.2 MQ的工作原理

1. MQ 的工作原理

MQ 的工作原理如图 7-11 所示。

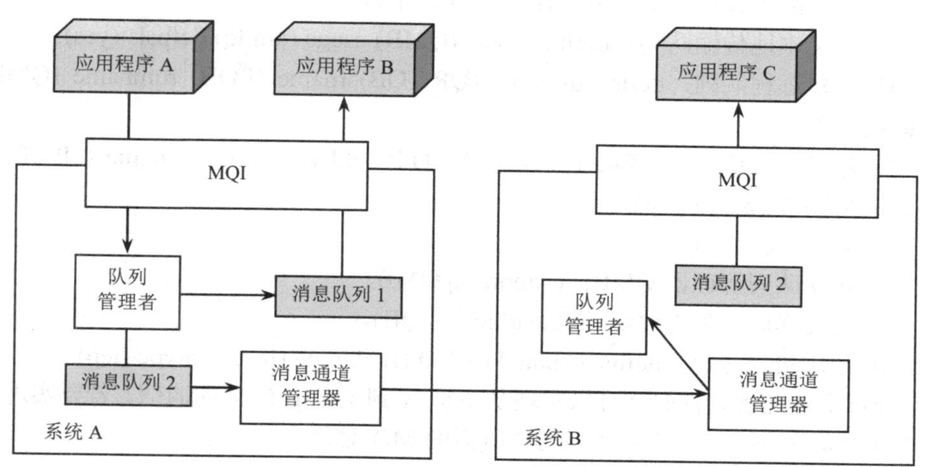


图 7-11 MQ 的工作原理

首先来看本地通信的情况，应用程序 A 和应用程序 B 运行于同一个系统 A，它们之间可以借助消息队列技术进行通信：应用程序 A 向消息队列 1 发送一条信息，当应用程序 B 需要时就可以得到该信息。

其次是远程通信的情况，如果信息传输的目标改为系统 B 上的应用程序 C，这种变化不会对应用程序 A 产生影响，应用程序 A 向消息队列 2 发送一条信息，系统 A 的 MQ 发现消息队列 2 指向的目的队列实际上位于系统 B，它将信息放到本地的一个特殊队列——传输队列（Transmission Queue）。我们建立一条从系统 A 到系统 B 的消息通道，消息通道代理将从传输队列中读取消息，并将这条信息传递到系统 B，然后等待确认。只有 MQ 接收到系统 B 成功收到信息的确认之后，才从传输队列中真正将该信息删除。如果通信线路不通或系统 B 没有运行，信息会留在传输队列中，直到被成功地传送到目的地。这是 MQ 最基本且最重要的技术——确保信息传输，并且是一次且仅一次（Once and only once）的传递。

MQ 提供了用于应用集成的松耦合的连接方法，因为共享信息的应用不需要知道彼此物理位置（网络地址）；不需要知道彼此间怎样建立通信；不需要同时处于运行状态；不需要在相同的操作系统或网络环境下运行。

2. MQ 的基本配置举例

在图 7-11 中，要实现网络上两台主机上的通信，若采用点对点通信方式，至少要建立如下对象。

（1）在发送方 A。

1）建立队列管理器 QMA：crtmqm -q QMA。

2）定义本地传输队列：define qlocal (QMB) usage (xmitq) defpsist(yes)。

3）创建远程队列：define qremote (QR.TOB) rname (LQB) rqmname (QMB) xmitq (QMB)。

4）定义发送通道：define channel (A.TO.B) chltype (sdr) conname ('IP of B') xmitq (QMB) + trptype (tcp)。

（2）在接收方 B。

1）建立队列管理器 QMB：crtmqm -q QMB。

2）定义本地队列 QLB：define qlocal (LQB)。

3）创建接收通道：define channel (A.TO.B) chltype (rcvr) trptype (tcp)。

经过上述配置，我们就可以实现从主机 A 到主机 B 的单向通信。若要实现二者之间的双向通信，可参考此例创建所需的 MQ 对象。

3. MQ 的通信模式

（1）点对点通信。点对点方式是最传统和常见的通信方式，支持一对一、一对多、多对多、多对一等多种配置方式，支持树状、网状等多种拓扑结构。

（2）多点广播。MQ 适用于不同类型的应用。其中重要的且正在发展中的是“多点广播”应用，即能够将消息发送到多个目标站点（Destination List）。可以使用一条 MQ 指令将单一消息发送到多个目标站点，并确保为每个站点可靠地提供信息。MQ 不仅提供了多点广播的功能，而且拥有智能消息分发功能，在将一条消息发送到同一个系统上的多个用户时，MQ 将消息的一个复制版本和该系统上接收者的名单发送到目标 MQ 系统。目标 MQ 系统在本地复制这些消息，并将它们发送到名单上的队列，从而尽可能减少网络的传输量。

（3）发布/订阅（Publish/Subscribe）模式。发布/订阅功能使消息的分发可以突破目的队列地理指向的限制，使消息按照特定的主题甚至内容进行分发，用户或应用程序可以根据主题或内容接收到所需的消息。发布/订阅功能使发送者和接收者之间的耦合关系变得更松散，发送者不必关心接收者的目的地址，接收者也不必关心消息的发送地址，只是根据消息的主题进行消息的收发。在 MQ 家族产品中，MQ Event Broker 是专门用于使用发布/订阅技术进行数据通信的产品，支持基于队列和直接基于 TCP/IP 两种方式的发布和订阅。

（4）群集。为了简化点对点通信模式中的系统配置，MQ 提供群集的解决方案。群集类似于一个域（Domain），群集内部的队列管理器之间进行通信时，不需要两两之间建立消息通道，而是采用群集通道与其他成员进行通信，从而大大简化了系统配置。此外，群集中的队列管理器之间能够自动进行负载均衡，当某个队列管理器出现故障时，其他队列管理器可以接管它的工作，从而大大提高系统的可靠性。

### 7.2.3 常用消息队列

一般的商用容器（如 WebLogic、JBoss）都支持 JMS 标准，开发方便；但免费的（如 Tomcat、Jetty 等）需要使用第三方消息中间件。下面介绍常用的消息中间件 Active MQ、RabbitMQ、ZeroMQ、Kafka 及其特点。

1. ActiveMQ

ActiveMQ 是 Apache 出品的最流行的、能力强劲的开源消息总线。ActiveMQ 是一个完全支持 JMS 1.1 和 J2EE 1.4 规范的 JMS Provider 实现，尽管 JMS 规范出台很久了，但在 J2EE 应用中仍有重要地位。

ActiveMQ 的特性如下所述。

（1）多种语言和协议编写客户端。语言：Java、C、C++、C#、Ruby、Perl、Python、PHP。应用协议：OpenWire、Stomp REST、WS Notification、XMPP、AMQP。

（2）完全支持 JMS 1.1 和 J2EE 1.4 规范（持久化、XA 消息、事务）。

（3）支持 Spring。ActiveMQ 可以很容易内嵌到使用 Spring 的系统里，而且支持 Spring 2.0 的特性

（4）通过了常见 J2EE 服务器（如 Geronimo、JBoss 4、GlassFish、WebLogic）的测试，其中，通过 JCA 1.5 resource adaptors 的配置可以让 ActiveMQ 自动部署到任何兼容 J2EE 1.4 的商业服务器上

（5）支持多种传送协议：in-VM、TCP、SSL、NIO、UDP、JGroups、JXTA。

（6）支持通过 JDBC 和 journal 提供高速的消息持久化。

（7）从设计上保证了高性能的集群，客户端-服务器，点对点。

（8）支持 AJAX。

（9）支持与 AXIS 的整合。

（10）可以很方便地调用内嵌 JMS provider 并进行测试。

2. RabbitMQ

RabbitMQ 是流行的开源消息队列系统，是用 Erlang 语言开发的。RabbitMQ 是 AMQP（高级消息队列协议）的标准实现。支持多种客户端，如 Python、Ruby、.NET、Java、JMS、C、PHP、ActionScript、XMPP、STOMP 等，支持 AJAX，

持久化。用于在分布式系统中存储转发消息，在易用性、扩展性、高可用性等方面表现不俗。RabbitMQ 开源消息队列如图 7-12 所示。

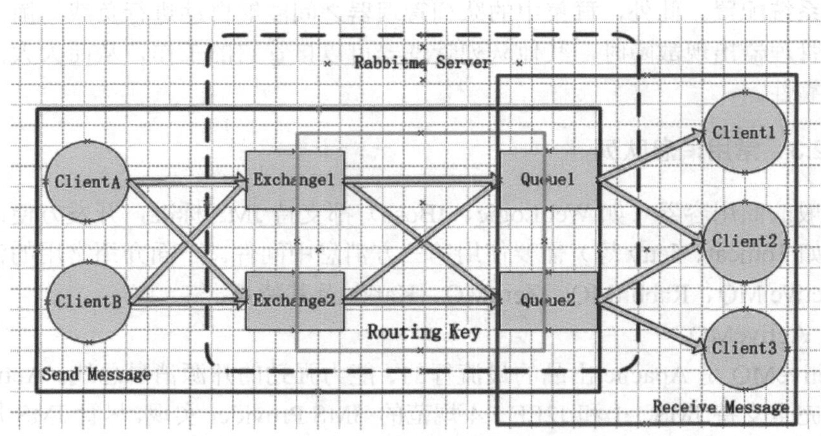


图 7-12 RabbitMQ 开源消息队列

RabbitMQ 有如下重要概念。

Broker：消息队列服务器实体。

Exchange：消息交换机，指定消息按什么规则、路由到哪个队列。

Queue：消息队列载体，每个消息都会被投入到一个或多个队列中。

Binding：绑定，它的作用就是把 Exchange 和 Queue 按照路由规则绑定起来。

Routing Key：路由关键字，Exchange 根据这个关键字进行消息投递。

Vhost：虚拟主机，一个 Broker 里可以开设多个 Vhost，用作不同用户的权限分离。

Producer：消息生产者，就是投递消息的程序。

Consumer：消息消费者，就是接收消息的程序。

Channel：消息通道，可在客户端的每个连接里建立多个 Channel，每个 Channel 代表一个会话任务。

消息队列的使用过程如下所述。

（1）客户端连接到消息队列服务器，打开一个 Channel。

（2）客户端声明一个 Exchange，并设置相关属性。

（3）客户端声明一个 Queue，并设置相关属性。

（4）客户端使用 Routing Key，在 Exchange 和 Queue 之间建立好绑定关系。

（5）客户端投递消息到 Exchange。

（6）Exchange 接收到消息后，就根据消息的 Key 和已经设置的 Binding 进行消息路由，将消息投递到一个或多个队列里。

3. ZeroMQ

ZeroMQ（以下简称 ZMQ）号称史上最快的消息队列，实际类似于 Socket 的一系列接口。与 Socket 的区别：普通的 Socket 是端到端的（1:1 的关系），而 ZMQ 是可以 N:M 的关系。人们对 BSD 套接字了解较多的是点对点连接。点对点连接需要显式地建立连接、销毁连接、选择协议（TCP/UDP）和处理错误等，而 ZMQ 屏蔽了这些细节，让网络编程更简单。ZMQ 用于 node 与 node 间的通信，node 可以是主机或者进程。

引用官方的说法："ZMQ 是一个简单、好用的传输层，是像框架一样的一个 socket library，使 Socket 编程更加简单、简洁和性能更高；是一个消息处理队列库，可在多个线程、内核和主机盒之间弹性伸缩。ZMQ 的明确目标是"成为标准网络协议栈的一部分，之后进入 Linux 内核"。ZMQ 无疑是极具发展前景的、人们更加需要的"传统"BSD 套接字之上的一层封装。ZMQ 使编写高性能网络应用程序极其简单和有趣。"

ZMQ 的特点如下所述。

（1）高性能，非持久化。

（2）跨平台：支持 Linux、Windows、OS X 等。

（3）多语言支持：C、C++、Java、.NET、Python 等 30 多种开发语言。

（4）可单独部署或集成到应用中使用。

（5）可作为 Socket 通信库使用。

与 RabbitMQ 相比，ZMQ 并不像一个传统意义上的消息队列服务器，事实上，它也根本不是一个服务器，更像一个底层的网络通信库，在 Socket API 之上做了一层封装，将网络通信、进程通信和线程通信抽象为统一的 API 接口，支持 Request-Reply、Publisher-Subscriber、Parallel Pipeline 三种基本模型和扩展模型。

ZeroMQ 高性能设计要点如下所述。

（1）无锁的队列模型。对于跨线程间的交互（用户端和 Session）之间的数据交换通道，采用无锁的队列算法 CAS；在通道两端注册有异步事件，在从通道读消息或者写消息到通道时，会自动触发读写事件。

（2）批量处理的算法。对于传统的消息处理，在发送和接收每个消息时都需要调用系统资源。在消息量大的情况下，系统的开销比较大。ZMQ 对批量的消息进行了适应性的优化，可以批量接收和发送消息。

（3）多核下的线程绑定，无须 CPU 切换。区别于传统的多线程并发模式、信号量或者临界区，ZMQ 充分利用多核的优势，每个核绑定运行一个工作者线程，避免多线程之间的 CPU 切换开销。

4. Kafka

Kafka 是一种高吞吐量的分布式发布订阅消息系统，可以处理消费者规模的网站中的所有动作流数据。这种动作（网页浏览、搜索和其他用户的行动）是在现代网络上的许多社会功能的一个关键因素。这些数据通常由于吞吐量的要求而通过处理日志和日志聚合来解决。对于像 Hadoop 一样的日志数据和离线分析系统，又有实时处理的限制，Kafka 系统是一个可行的解决方案。Kafka 通过 Hadoop 的并行加载机制统一线上和离线的消息处理，也是为了通过集群机来提供实时的消费。

Kafka 具有如下特性。

（1）通过复杂度 O(1)的磁盘数据结构提供持久消息，这种结构存储 TB 级的消息时也能够保持长时间的稳定性。

（2）高吞吐量：即使是非常普通的硬件，Kafka 也可以支持每秒数百万的消息。

（3）支持通过 Kafka 服务器和消费机集群来分区消息。

（4）支持 Hadoop 并行数据加载。

Kafka 的相关概念如下所述。

（1）Broker。Kafka 集群包含一个或多个服务器，这种服务器称为 Broker。

（2）Topic。每条发布到 Kafka 集群的消息都有一个类别，这个类别称为 Topic（物理上，不同 Topic 的消息分开存储；逻辑上，一个 Topic 的消息虽然保存于一个或多个 Broker 上，但用户只需指定消息的 Topic 即可生产或消费数据，而不必关心数据存于何处）。

（3）Partition。Parition 是物理上的概念，每个 Topic 包含一个或多个 Partition。

（4）Producer。Producer 负责发布消息到 Kafka Broker。

（5）Consumer。Consumer 消息消费者，是向 Kafka Broker 读取消息的客户端。

（6）Consumer Group。每个 Consumer 属于一个特定的 Consumer Group（可为每个 Consumer 指定 Group Name，若不指定 Group Name，则属于默认的 Group）。

一般应用在大数据日志处理或对实时性（少量延迟）、可靠性（少量丢数据）要求稍低的场合。

## 7.3 高性能 Web 系统中的消息队列技术

高级消息队列协议（Advanced Message Queuing Protocol，AMQP）是应用层协议的一个开放标准，是面向消息的中间件设计。消息中间件主要用于组件之间的解耦，消息的发送者无须知道消息使用者的存在；反之亦然。

AMQP 的主要特征是面向消息、队列、路由（包括点对点和发布/订阅）、可靠性、安全。RabbitMQ 是一个开源的 AMQP 实现，服务器端用 Erlang 语言编写，用于在分布式系统中存储转发消息，在易用性、扩展性、高可用性等方面表现不俗。RabbitMQ 提供了可靠的消息机制、跟踪机制和灵活的消息路由，支持消息集群和分布式部署，适用于排队算法、秒杀活动、消息分发、异步处理、数据同步、处理耗时任务、CQRS 等应用场景。

### 7.3.1 在项目的部署环境下安装和启用 RabbitMQ

1. 安装 RabbitMQ

本项目部署在 CentOS 下，使用的版本为 3.6.12 的 RabbitMQ[11]。

（1）安装 Erlang。

rpm -Uvh https://www.rabbitmq.com/releases/erlang/erlang-19.0.4- 1.el7.centos.x86_64.rpm

（2）安装 socat。

yum install socat

（3）安装 RabbitMQ。

rpm -Uvh https://www.rabbitmq.com/releases/rabbitmq-server/v3.6.12/rabbitmq- server- 3.6.12-1.el7.noarch.rpm

2. 启用和停止 RabbitMQ 的常用命令

（1）启用 Web 控制台。

rabbitmq-plugins enable rabbitmq_management

（2）开启服务。

systemctl start rabbitmq-server.service

（3）停止服务。

systemctl stop rabbitmq-server.service

（4）查看服务状态。

systemctl status rabbitmq-server.service

（5）查看 RabbitMQ 状态。

rabbitmqctl status

（6）添加用户赋予管理员权限。

rabbitmqctl add_user username password
rabbitmqctl set_user_tags username administrator

（7）查看用户列表。

rabbitmqctl list_users

（8）删除用户。

rabbitmqctl delete_user username

（9）修改用户密码。

rabbitmqctl oldPassword Username newPassword

（10）访问Web控制台。

http://服务器 ip:15672/ 注意配置防火墙，默认用户名密码都是 guest，若是新建用户，需要配置用户权限

RabbitMQ运行界面如图7-13所示。

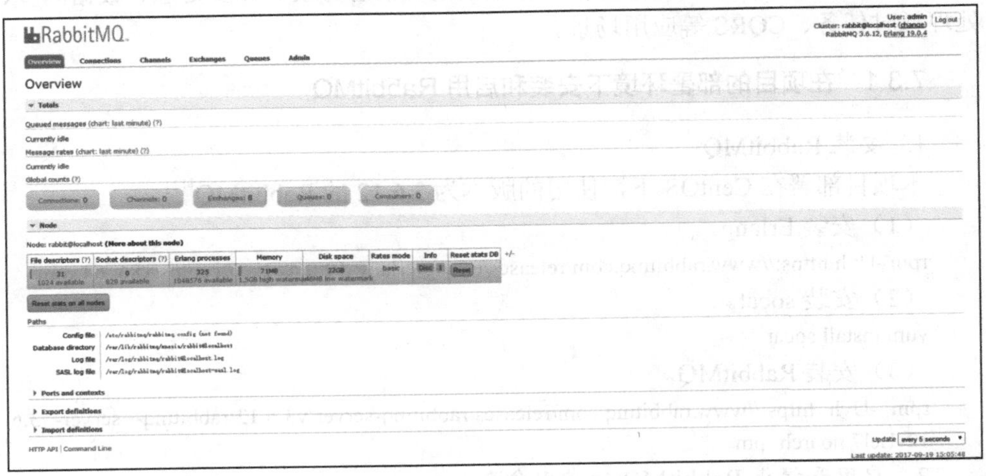

图7-13　RabbitMQ运行界面

## 7.3.2　.NET Core项目中使用RabbitMQ

通过NuGet进行安装：https://www.nuget.org/packages/RabbitMQ.Client/。

1. 定义生产者

```
//创建连接工厂
ConnectionFactory factory = new ConnectionFactory
{
    UserName = "admin",   //用户名
    Password = "admin",    //密码
    HostName = "192.168.157.130"//rabbitmq ip
};
//创建连接
var connection = factory.CreateConnection();
//创建通道
var channel = connection.CreateModel();
//声明一个队列
channel.QueueDeclare("hello", false, false, false, null);
Console.WriteLine("\nRabbitMQ 连接成功，请输入消息，输入 exit 退出！");
```

```
string input;
do
{
    input = Console.ReadLine();
    var sendBytes = Encoding.UTF8.GetBytes(input);
    //发布消息
    channel.BasicPublish("", "hello", null, sendBytes);
} while (input.Trim().ToLower()!="exit");
channel.Close();
connection.Close();
```

2. 定义消费者

```
//创建连接工厂
ConnectionFactory factory = new ConnectionFactory
{
    UserName = "admin",  //用户名
    Password = "admin",   //密码
    HostName = "192.168.157.130"//rabbitmq ip
};
//创建连接
var connection = factory.CreateConnection();
//创建通道
var channel = connection.CreateModel();
//事件基本消费者
EventingBasicConsumer consumer = new EventingBasicConsumer(channel);
//接收到消息事件
consumer.Received += (ch, ea) =>
{
    var message = Encoding.UTF8.GetString(ea.Body);
    Console.WriteLine($"收到消息： {message}");
    //确认该消息已被消费
    channel.BasicAck(ea.DeliveryTag, false);
};
//启动消费者，设置为手动应答消息
channel.BasicConsume("hello", false, consumer);
Console.WriteLine("消费者已启动");
Console.ReadKey();
channel.Dispose();
connection.Close();
```

3. 运行

运行结果如图 7-14 所示。

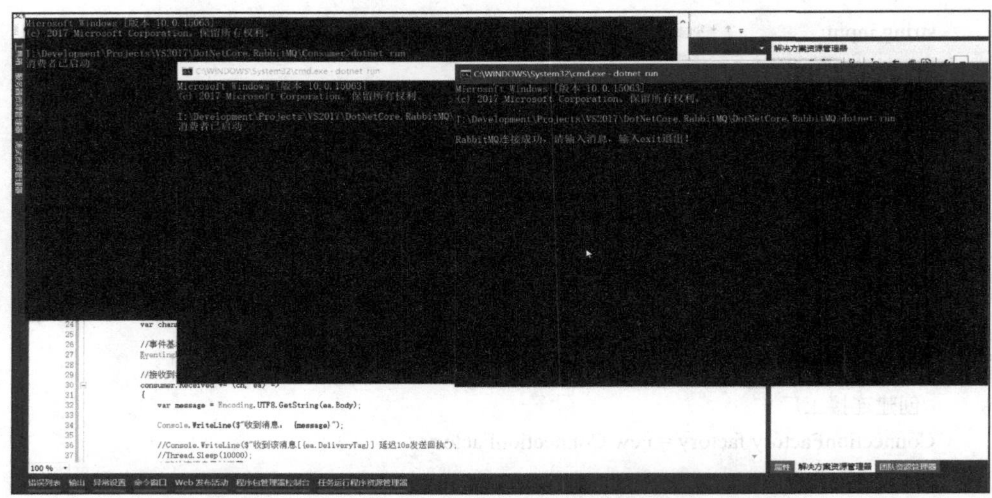

图 7-14　运行结果

该程序启动了一个生产者、两个消费者，可以看到两个消费者都能接收到消息，消息投递到哪个消费者是由 RabbitMQ 决定的。

4. RabbitMQ 消费失败的处理

RabbitMQ 采用消息应答机制，即消费者接收到一个消息之后，需要发送一个应答，然后 RabbitMQ 才会将这个消息从队列中删除。如果消费者在消费过程中出现异常，断开连接且没有发送应答，那么 RabbitMQ 会重新投递这个消息。

修改消费者的代码如下：

```
//接收到消息事件
consumer.Received += (ch, ea) =>
{
    var message = Encoding.UTF8.GetString(ea.Body);
    Console.WriteLine($"收到消息：　{message}");
    Console.WriteLine($"收到该消息[{ea.DeliveryTag}] 延迟 10s 发送回执");
    Thread.Sleep(10000);
    //确认该消息已被消费
    channel.BasicAck(ea.DeliveryTag, false);
    Console.WriteLine($"已发送回执[{ea.DeliveryTag}]");
};
```

运行结果如图 7-15 所示。

从图 7-15 中可以看出，设置了消息应答延迟 10s，如果该消费者在这 10s 中断开了连接，那么消息会被 RabbitMQ 重新投递。

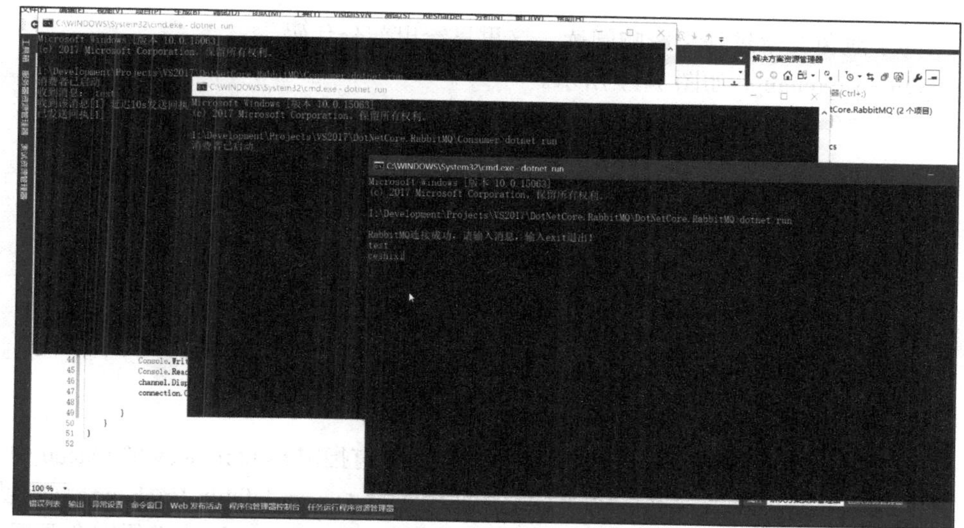
图 7-15　运行结果

5. 使用 RabbitMQ 的 Exchange

前面我们可以看到生产者将消息投递到 Queue 中，实际上这种情况在 RabbitMQ 中永远都不会发生。实际的情况是生产者将消息发送到 Exchange（交换器），由 Exchange 将消息路由到一个或多个 Queue 中（或者丢弃），如图 7-16 所示。

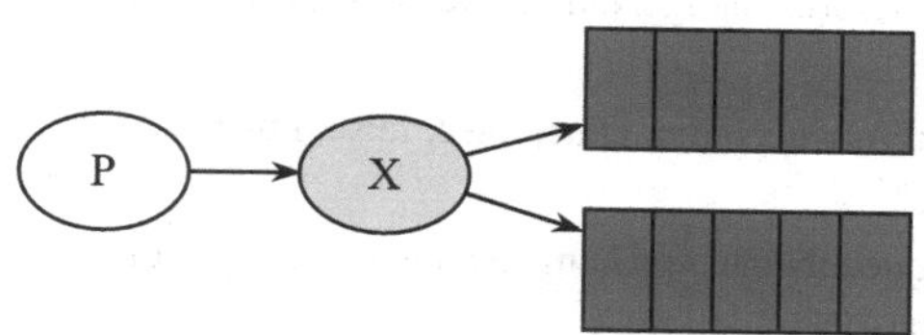

图 7-16　Exchange

AMQP 协议的核心思想就是生产者与消费者隔离，生产者从不直接将消息发送给队列。生产者通常不知道是否一个消息会被发送到队列中，只是将消息发送到一个交换机，先由 Exchange 接收，然后 Exchange 按照特定的策略将消息转发到 Queue 存储。同理，消费者也是如此。Exchange 就类似于一个交换机，转发各个消息并分发到相应的队列中。

RabbitMQ 提供了四种 Exchange 模式：direct、fanout、topic、header。由于 header 模式在实际应用中使用较少，这里只介绍前三种模式。

Exchange 不是消费者关心的，所以消费者的代码完全不用变，用上面的消费者就可以了。

为了避免文章过长，影响阅读，这里只给出部分代码。

Direct Exchange 如图 7-17 所示。

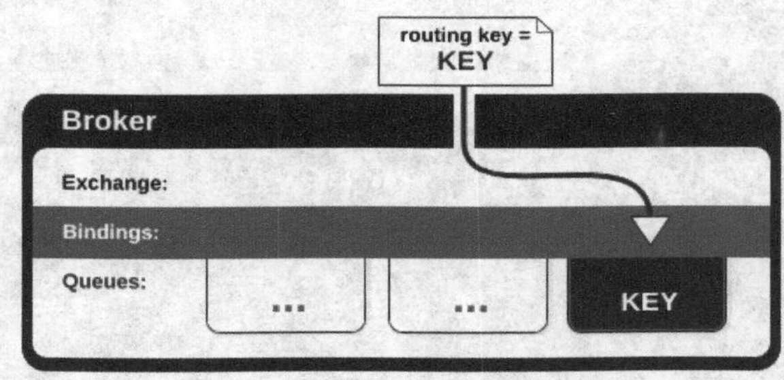


图 7-17　Direct Exchange

所有发送到 Direct Exchange 的消息被转发到具有指定 Routing Key 的 Queue 中。

Direct 模式可以使用 RabbitMQ 自带的 Exchange——default Exchange，所以不需要对 Exchange 进行任何绑定操作。传递消息时，Routing Key 必须完全匹配，消息才会被队列接收，否则消息会被抛弃。

```
//创建连接
var connection = factory.CreateConnection();
//创建通道
var channel = connection.CreateModel();
//定义一个 Direct 类型交换机
channel.ExchangeDeclare(exchangeName, ExchangeType.Direct, false, false, null);
//定义一个队列
channel.QueueDeclare(queueName, false, false, false, null);
//将队列绑定到交换机
channel.QueueBind(queueName, exchangeName, routeKey, null);
```

运行结果如图 7-18 所示。

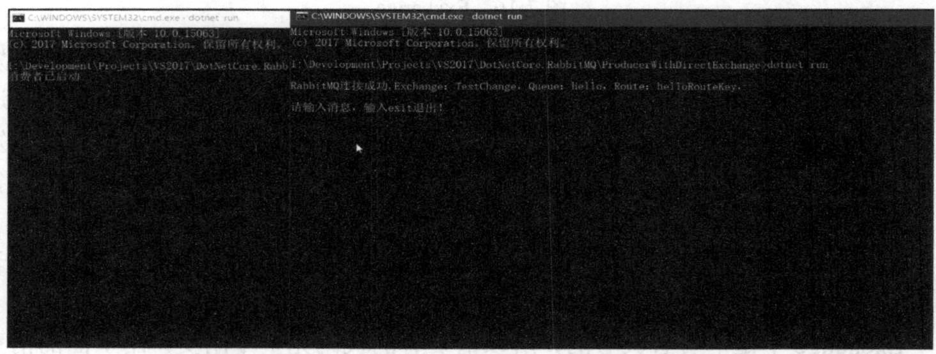


图 7-18　运行结果

Fanout Exchange 如图 7-19 所示。

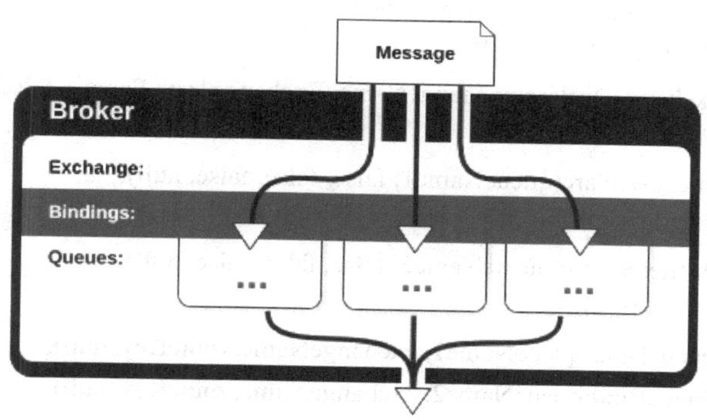


图 7-19 Fanout Exchange

所有发送到 Fanout Exchange 的消息都会被转发到与该 Exchange 绑定的所有 Queue 上。

Fanout Exchange 不需要处理 Routing Key。只需简单地将队列绑定到 Exchange 上，这样发送到 exchange 的消息都会被转发到与该交换机绑定的所有队列上。类似于子网广播，每台子网内的主机都获得一份复制的消息。所以，Fanout Exchange 转发消息是最快的。

为了演示效果，下面定义了两个队列，分别为 hello1 和 hello2，每个队列都拥有一个消费者。

**测试 1**

```
static void Main(string[] args)
{
    string exchangeName = "TestFanoutChange";
    string queueName1 = "hello1";
    string queueName2 = "hello2";
    string routeKey = "";
    //创建连接工厂
    ConnectionFactory factory = new ConnectionFactory
    {
        UserName = "admin",    //用户名
        Password = "admin",    //密码
        HostName = "192.168.157.130"    //rabbitmq ip
    };
    //创建连接
    var connection = factory.CreateConnection();
```

```
        //创建通道
        var channel = connection.CreateModel();
        //定义一个 Direct 类型交换机
        channel.ExchangeDeclare(exchangeName, ExchangeType.Fanout, false, false, null);
        //定义队列 1
        channel.QueueDeclare(queueName1, false, false, false, null);
        //定义队列 2
        channel.QueueDeclare(queueName2, false, false, false, null);
        //将队列绑定到交换机
        channel.QueueBind(queueName1, exchangeName, routeKey, null);
        channel.QueueBind(queueName2, exchangeName, routeKey, null);
        //生成两个队列的消费者
        ConsumerGenerator(queueName1);
        ConsumerGenerator(queueName2);

        Console.WriteLine($"\nRabbitMQ 连接成功，\n\n 请输入消息，输入 exit 退出！");
        string input;
        do
        {
            input = Console.ReadLine();
            var sendBytes = Encoding.UTF8.GetBytes(input);
            //发布消息
            channel.BasicPublish(exchangeName, routeKey, null, sendBytes);
        } while (input.Trim().ToLower() != "exit");
        channel.Close();
        connection.Close();
    }
    /// <summary>
    /// 根据队列名称生成消费者
    /// </summary>
    /// <param name="queueName"></param>
    static void ConsumerGenerator(string queueName)
    {
        //创建连接工厂
        ConnectionFactory factory = new ConnectionFactory
        {
            UserName = "admin",     //用户名
            Password = "admin",     //密码
```

```
            HostName = "192.168.157.130"    //rabbitmq ip
        };
        //创建连接
        var connection = factory.CreateConnection();
        //创建通道
        var channel = connection.CreateModel();
        //事件基本消费者
        EventingBasicConsumer consumer = new EventingBasicConsumer(channel);
        //接收到消息事件
        consumer.Received += (ch, ea) =>
        {
            var message = Encoding.UTF8.GetString(ea.Body);
            Console.WriteLine($"Queue:{queueName}收到消息： {message}");
            //确认该消息已被消费
            channel.BasicAck(ea.DeliveryTag, false);
        };
        //启动消费者，设置为手动应答消息
        channel.BasicConsume(queueName, false, consumer);
        Console.WriteLine($"Queue:{queueName}，消费者已启动");
    }
```

运行结果如图 7-20 所示。

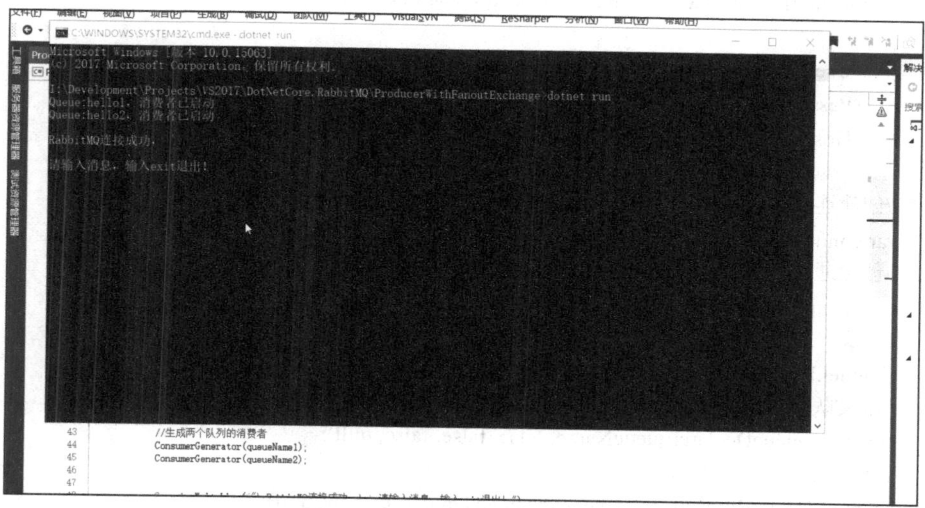


图 7-20　运行结果

Topic Exchange 如图 7-21 所示。

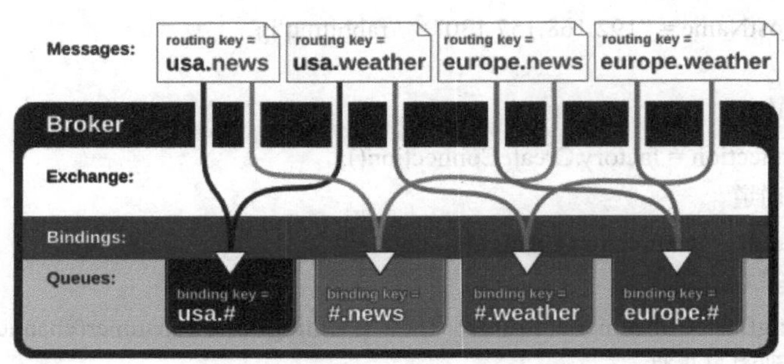


图 7-21 Topic Exchange

所有发送到 Topic Exchange 的消息被转发到能与 Topic 匹配的 Queue 上。Exchange 将路由进行模糊匹配。可以使用通配符进行模糊匹配，符号“#”匹配一个或多个词；符号“*”匹配一个词。因此“XiaoChen.#”能够匹配到“XiaoChen.pets.cat”，但是“XiaoChen.*”只会匹配到“XiaoChen.money”。所以，Topic Exchange 使用非常灵活。

**测试 2**

```
string exchangeName = "TestTopicChange";
string queueName = "hello";
string routeKey = "TestRouteKey.*";
//创建连接工厂
ConnectionFactory factory = new ConnectionFactory
{
    UserName = "admin",  //用户名
    Password = "admin",   //密码
    HostName = "192.168.157.130"//rabbitmq ip
};
//创建连接
var connection = factory.CreateConnection();
//创建通道
var channel = connection.CreateModel();
//定义一个 Direct 类型交换机
channel.ExchangeDeclare(exchangeName, ExchangeType.Topic, false, false, null);
//定义队列 1
channel.QueueDeclare(queueName, false, false, false, null);
//将队列绑定到交换机
channel.QueueBind(queueName, exchangeName, routeKey, null);

Console.WriteLine($"\nRabbitMQ 连接成功，\n\n 请输入消息，输入 exit 退出！");
```

```
string input;
do
{
    input = Console.ReadLine();
    var sendBytes = Encoding.UTF8.GetBytes(input);
    //发布消息
    channel.BasicPublish(exchangeName, "TestRouteKey.one", null, sendBytes);
} while (input.Trim().ToLower() != "exit");
channel.Close();
connection.Close();
```

运行结果如图 7-22 所示。

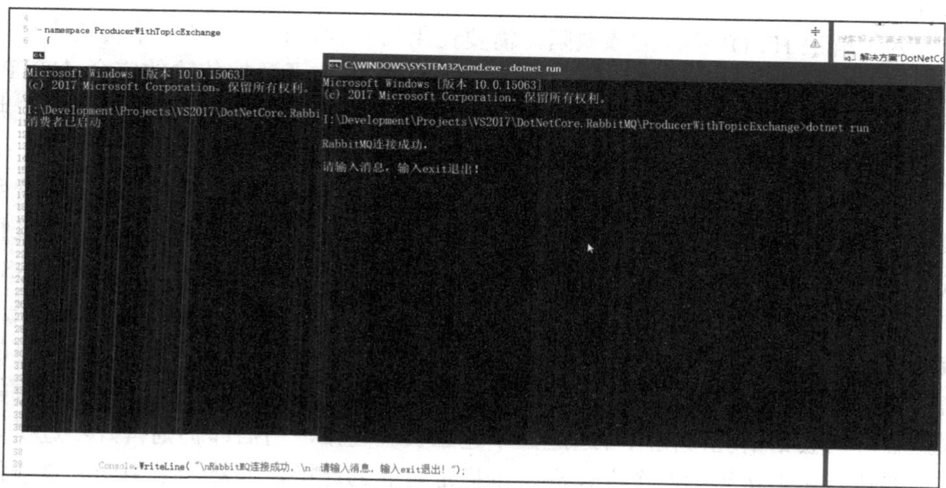


图 7-22　运行结果

# 第 8 章　项目的安全保证机制

超文本传输协议（HyperText Transfer Protocol，HTTP）用于在 Web 浏览器与网站服务器之间传递信息。HTTP 协议以明文方式发送内容，不提供任何方式的数据加密，如果攻击者截取了 Web 浏览器与网站服务器之间的传输报文，就可以直接读懂其中的信息，因此 HTTP 协议不适合传输敏感信息，如信用卡卡号、密码等。

为了解决 HTTP 协议的该缺陷，需要使用另一种协议——超文本传输安全安全协议（HyperText Transfer Protocol Secure，HTTPS）。为了数据传输的安全，HTTPS 在 HTTP 的基础上加入了 SSL 协议。SSL 协议依靠证书来验证服务器的身份，并为浏览器与服务器之间的通信加密[12]。

作为 HTTP 协议的安全扩展，HTTPS 已经是网络传输中最基本的安全防护手段了。如今任何一个没有使用 HTTPS 保护的公开网站或者 App 都是不健康且临时的行为。通过 RSA 方式进行基本加密的安全机制是最成熟也是最常用的。SSL 作为 RSA 之上公开的网络安全协议，也因此被更广泛地认可。但 RSA 毕竟是双方约定的一个长期行为，任何一个浏览器发起的向服务器的临时请求都用固定的密钥显然是不可接受的，那意味着双方都要保存很多钥匙链。因此，如果双方能根据临时的会话情况，使用时通过握手建立安全连接，用后即扔则再好不过了。但是要让互相不认识的两个人建立一个稳定可靠的连接，显然一个中间人是非常重要的，因此出现了认证中心（Certificate Authority，CA）。引入 CA 后的认证流程可以参考图 8-1。

相比于简单的三次握手，HTTPS 交互多了对证书进行验证的过程。对于单向验证（客户端验证服务器），服务器端已经预先申请过经过 CA 机构签名的证书。CA 机构签名的过程本质上是使用 CA 机构的私钥，利用 hash 算法对公开证书的内容进行摘要并加密的过程。在客户端向服务端发起请求后，服务端除了将自身的能力发送给客户端外，还将经过 CA 机构签名过的证书文件发送过来（即步骤 2）。客户端根据公开信息，选择浏览器已经内置的 CA 公钥对签名后的摘要文件进行解密，并重新对公开的文件进行摘要。核验两者，如果一致即验证通过。之后，客户端确定后续通信中要使用的随机数对称加密密钥，通过服务器发送过来的证书中的密钥进行摘要并加密，将其发送给服务端。服务端解密后，重新计算摘要，核验后确定后续会话使用的对称密钥。之后用对称加密密钥加密响应包，将其发送给客户端解密正常后，即完成验证过程，开始后续会话。对于浏览器，只要是大厂的 CA 机构都会将其 RSA 公钥预置到浏览器中，服务器方面需要将经过 CA 签名的证书预置到服务器端。而在本系统中则默认启用 HTTPS 传输，并采用 app.UseHttpsRedirection()中间件对 HTTP 进行重定向。

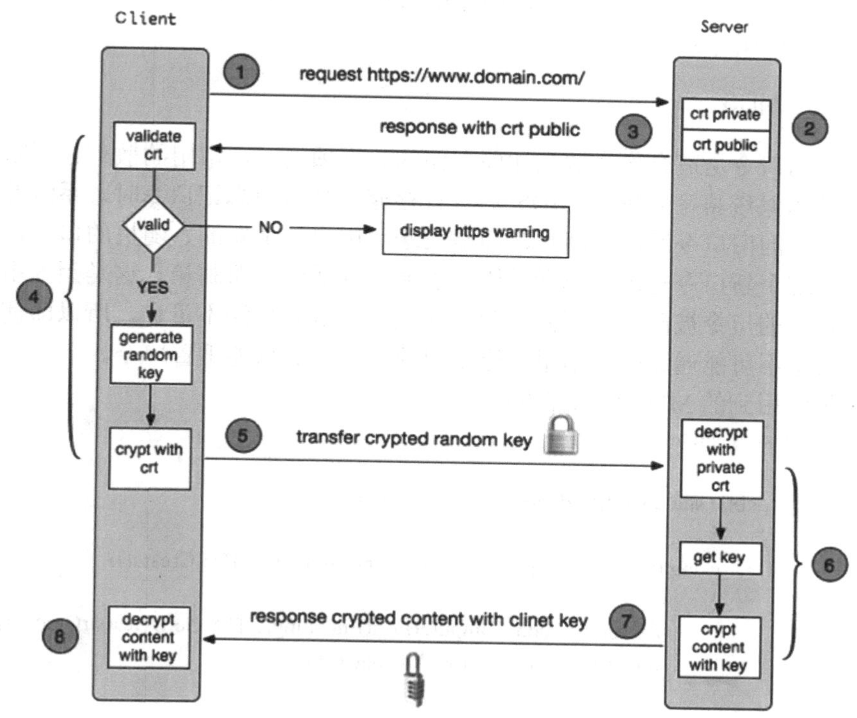


图 8-1 使用 HTTPS 后双方握手过程

下面就逐一介绍系统中引入的安全技术。

## 8.1 数据的散列与加密

在系统中，可通过散列和加密进行数据保护。所谓数据保护，是指在数据库被非法访问的情况下，保护敏感数据不被非法访问者直接获取。这是非常有现实意义的，试想若公司的系统数据库服务器被入侵，入侵者获得了所有数据库数据的查看权限，如果用户的口令被明文保存在数据库中，则入侵者可以进入数据库系统获得所有用户的账户密码，以各类用户的身份登录系统，为所欲为，会造成非常严重的后果。但是，如果口令经过良好的散列或加密，使得入侵者无法获得口令明文，那么最多只是被入侵者看到了数据库中的数据，其无法冒用用户角色身份进入系统。

要实现上述的数据保护，可以选择使用哈希和加密两种方式。那么在什么时候选择哈希？什么时候选择加密呢？基本原则：如果被保护数据仅仅用作比较验证，之后不需要还原成明文形式，则使用哈希；如果被保护数据之后需要被还原成明文，则使用加密。

### 8.1.1 MD5

用户的口令是适合作为散列加盟存储的数据项之一，常用的散列包括哈希和 MD5，这里系统将密码进行 MD5 后进行存储。当用户忘记口令时，系统并不是将用户忘记的旧口令发送给用户，而是发送给用户一个新的、随机的口令，然后让用户用这个新口令登录，或者采用重置连接发送至注册邮箱。这是因为用户在注册时输入的口令被散列后存储在数据库里，而散列算法不可逆，所以即使是网站管理员也不可能通过散列结果复原用户的口令，而只能重置口令。

系统中用到的 MD5 算法如下：

```
public class HashHelper
    {
        public static string MD5(string strContent)
        {
            using (var md5 = System.Security.Cryptography.MD5.Create())
            {
                var result = md5.ComputeHash(Encoding.UTF8.GetBytes(strContent));
                 return Convert.ToBase64String(result);
            }
        }
    }
```

下面我们讨论上述数据保护方法是否安全。

对于 MD5 的攻击，主要有寻找碰撞法和穷举法。先来说说寻找碰撞法。从 MD5 本身的定义和上面的数据保护原理图（图 8-1）可以看出，如果想非法登录系统，不一定非要得到注册时的输入口令，只要能得到一个注册口令的碰撞即可。因此，如果能从杂凑串中分析出一个口令的碰撞，则大功告成。不过大可不必担心这种攻击，因为目前对于 MD5 和 SHA1 并不存在有效地寻找碰撞方法。虽然我国杰出数学家王小云教授曾经在国际密码学会议上发布了对于 MD5 和 SHA1 的碰撞寻找改进算法，但这种方法与很多人口中所说的“破解”相去甚远，其理论目前仅具有数学上的意义，她将破解 MD5 的预期步骤数从 $2^{80}$ 降到了 $2^{69}$，虽然降低了好几个数量级，但对于实际应用来说 $2^{69}$ 仍然是一个天文数字。不过这并不意味着使用

MD5 或 SHA1 后就万事大吉了，因为还有一种对哈希的攻击方法——穷举法。通俗来说，就是在一个范围内，如从 000000 到 999999，将所有值一个一个用相同的哈希算法进行哈希，然后将结果和杂凑串比较，如果相同，则这个值就一定是源字串或源字串的一个碰撞，于是就可以用这个值进行非法登录了，因此本系统建议采用强名密码来降低被攻击的危险。

### 8.1.2 对称加密技术

加密技术是本系统采取的主要安全保密措施，利用技术手段把重要的数据变为乱码（加密）传送，到达目的地后再用相同或不同的手段还原（解密）。加密技术包括两个元素：算法和密钥。算法是将普通的文本（或者可以理解的信息）与一串数字（密钥）结合，产生不可理解的密文的步骤；密钥是一种对数据进行编码和解码的算法。在安全保密中，可通过适当的密钥加密技术和管理机制来保证网络的信息通信安全。密钥加密技术的密码体制分为对称密钥体制和非对称密钥体制两种。相应地，对数据加密的技术分为两类，即对称加密（私人密钥加密）和非对称加密（公开密钥加密）。对称加密以数据加密标准（Data Encryption Standard，DES）算法为典型代表；非对称加密通常以 RSA（Rivest Shamir Adleman）算法为代表。对称加密的加密密钥和解密密钥相同；而非对称加密的加密密钥和解密密钥不同。加密密钥可以公开而解密密钥需要保密。下面先介绍系统中的对称加密方法。

1. DES 加密与解密

系统中 DES 加密与解密的类库代码如下：

```
public class DES
    {
        public static string DesEncrypt(string input, string key)
        {
            byte[] inputArray = Encoding.UTF8.GetBytes(input);
            var tripleDES = TripleDES.Create();
            var byteKey = Encoding.UTF8.GetBytes(key);
            byte[] allKey = new byte[24];
            Buffer.BlockCopy(byteKey, 0, allKey, 0, 16);
            Buffer.BlockCopy(byteKey, 0, allKey, 16, 8);
            tripleDES.Key = allKey;
            tripleDES.Mode = CipherMode.ECB;
            tripleDES.Padding = PaddingMode.PKCS7;
            ICryptoTransform cTransform = tripleDES.CreateEncryptor();
            byte[] resultArray = cTransform.TransformFinalBlock(inputArray, 0, inputArray.
Length);
```

```
            return Convert.ToBase64String(resultArray, 0, resultArray.Length);
        }
        public static string DesDecrypt(string input, string key)
        {
            byte[] inputArray = Convert.FromBase64String(input);
            var tripleDES = TripleDES.Create();
            var byteKey = Encoding.UTF8.GetBytes(key);
            byte[] allKey = new byte[24];
            Buffer.BlockCopy(byteKey, 0, allKey, 0, 16);
            Buffer.BlockCopy(byteKey, 0, allKey, 16, 8);
            tripleDES.Key = allKey;
            tripleDES.Mode = CipherMode.ECB;
            tripleDES.Padding = PaddingMode.PKCS7;
            ICryptoTransform cTransform = tripleDES.CreateDecryptor();
            byte[] resultArray = cTransform.TransformFinalBlock(inputArray, 0, inputArray.
Length);
            return Encoding.UTF8.GetString(resultArray);
        }
    }
}
```

DES类库提供了一个DesEncrypt(string input, string key)用于加密的方法，输入参数为明文文本和密钥，加密后的数据以字符串返回，同时提供了DesDecrypt(string input, string key)的解密函数。类库的调用方法如下：

```
var name = "Jeffcky";
Console.WriteLine($"加密字符串为{name}");
var encryptStr = DesEncrypt(name, "sblw-3hn8-sqoy19");
Console.WriteLine($"加密后结果为：{encryptStr}");
var decryptStr = DesDecrypt(encryptStr, "sblw-3hn8-sqoy19");
Console.WriteLine($"解密后字符串为{decryptStr}");
```

注意：在.NET Core中利用3DES加密和解密必须要给出3个密钥（24个字节长度），即使密钥3和密钥1相等，也不会像.NET Framework中那样重用密钥1中的位数。

2. AES加密与解密

系统中AES加密与解密的类库代码如下：

```
public class AES
{
    public static string AESKey = "********************************";  //32位字符串
Guid.NewGuid().ToString("N");
    //AES加密
    public static string AESEncrypt(string plaintext, string keyString)
```

```
{
    var encryptKey = Encoding.UTF8.GetBytes(keyString);
    using (var aesAlg = Aes.Create())
    {
        using (var encryptor = aesAlg.CreateEncryptor(encryptKey, aesAlg.IV))
        {
            using (var msEncrypt = new MemoryStream())
            {
                using (var csEncrypt = new CryptoStream(msEncrypt, encryptor,
                    CryptoStreamMode.Write))
                using (var swEncrypt = new StreamWriter(csEncrypt))
                {
                    swEncrypt.Write(plaintext);
                }
                var iv = aesAlg.IV;
                var decryptedContent = msEncrypt.ToArray();
                var result = new byte[iv.Length + decryptedContent.Length];
                Buffer.BlockCopy(iv, 0, result, 0, iv.Length);
                Buffer.BlockCopy(decryptedContent, 0, result,
                    iv.Length, decryptedContent.Length);
                return Convert.ToBase64String(result);
            }
        }
    }
}
//AES 解密
public static string AESDecrypt(string cipherText, string keyString)
{
    var fullCipher = Convert.FromBase64String(cipherText);
    byte[] iv = new byte[16];
    var cipher = new byte[fullCipher.Length - iv.Length];
    Buffer.BlockCopy(fullCipher, 0, iv, 0, iv.Length);
    Buffer.BlockCopy(fullCipher, iv.Length, cipher, 0, fullCipher.Length - iv.Length);
    var key = Encoding.UTF8.GetBytes(keyString);
    using (var aesAlg = Aes.Create())
    {
        using (var decryptor = aesAlg.CreateDecryptor(key, iv))
        {
            string result;
            using (var msDecrypt = new MemoryStream(cipher))
            {
```

```
                        using (var csDecrypt = new CryptoStream(msDecrypt, decryptor,
CryptoStreamMode.Read))
                        {
                            using (var srDecrypt = new StreamReader(csDecrypt))
                            {
                                result = srDecrypt.ReadToEnd();
                            }
                        }
                    }
                    return result;
                }
            }
        }
    }
```

AES 类库提供了一个 AESEncrypt(string plaintext, string keyString)用于加密的方法，输入参数为明文文本和密钥，加密后的数据以字符串返回，同时提供了 AESDecrypt(string cipherText, string keyString)的解密函数。

## 8.2 接口的安全令牌

### 8.2.1 非对称加密技术

1976 年，美国学者 Dime 和 Henman 为解决信息公开传送和密钥管理问题，提出一种新的密钥交换协议，允许在不安全的媒体上的通信双方交换信息，安全地达成一致的密钥，这就是公开密钥系统。相对于对称加密算法，公开密钥系统也称非对称加密算法。与对称加密算法不同，非对称加密算法需要两个密钥：公开密钥（Public Key）和私有密钥（Private Key）。公开密钥与私有密钥是一对，如果用公开密钥对数据进行加密，则只有用对应的私有密钥才能解密；如果用私有密钥对数据进行加密，则只有用对应的公开密钥才能解密。因为加密和解密使用的是两个不同的密钥，所以这种算法叫作非对称加密算法。系统中采用 XC.RSAUtil 非对称加密技术进行加密、解密和数字签名。

```
namespace ACLib.UCLib.RSAUtil
{
    //install-package XC.RSAUtil
    public class XCRSAUtil
    {
        public List<string> GeneratePkcs1Key()
```

```
            {
                return XC.RSAUtil.RsaKeyGenerator.Pkcs1Key(2048, false);
            }
            #region 数字签名
            public static string GetSignDataByRsaPkcs1Util(string dataContent,string
publicKeyReceiver,string privateKeySender)
            {
                string signData = "";
                try
                {
                    var senderRSA = new XC.RSAUtil.RsaPkcs1Util(Encoding.UTF8,
publicKeyReceiver, privateKeySender, 2048);
                    signData = senderRSA.SignData(dataContent, HashAlgorithmName.MD5,
RSASignaturePadding.Pkcs1);   //数字签名
                }
                catch (Exception ex)
                {

                }
                return signData;
            }
            public static bool VerifySignDataByRsaPkcs1Util(string dataContent,string signData,
string publicKeySender, string privateKeyReceiver)
            {
                bool bResult=false;
                try
                {
                    var ReceiverRSA = new XC.RSAUtil.RsaPkcs1Util(Encoding.UTF8,
publicKeySender, privateKeyReceiver, 2048);
                    bResult = ReceiverRSA.VerifyData(dataContent, signData,
HashAlgorithmName.MD5, RSASignaturePadding.Pkcs1);   //验证签名
                }
                catch (Exception ex)
                {
                }
                return bResult;
            }
            #endregion
            #region 非对称加密
            public static string GetCiphertextByRsaPkcs1Util(string plaintext, string
publicKeyReceiver, string privateKeySender)
```

```
        {
            string ciphertext = "";
            try
            {
                var senderRSA = new XC.RSAUtil.RsaPkcs1Util(Encoding.UTF8,
publicKeyReceiver, privateKeySender, 2048);
                ciphertext = senderRSA.Encrypt(plaintext, RSAEncryptionPadding.Pkcs1);
//加密
            }
            catch (Exception ex)
            {
            }
            return ciphertext;
        }
        public static string GetPlaintexttByRsaPkcs1Util(string ciphertext,
string publicKeySender, string privateKeyReceiver)
        {
            string plaintext = "";
            try
            {
                var receiverRSA = new XC.RSAUtil.RsaPkcs1Util(System.Text.Encoding.
UTF8, publicKeySender, privateKeyReceiver, 2048);
                plaintext = receiverRSA.Decrypt(ciphertext, RSAEncryptionPadding.
Pkcs1);  //解密
            }
            catch (Exception ex)
            {
            }
            return plaintext;
        }
        #endregion

    }
}
```

类库中，采用 GetSignDataByRsaPkcs1Util(string dataContent,string publicKeyReceiver,string privateKeySender)对数据进行数字签名，采用 VerifySignDataByRsaPkcs1Util(string dataContent,string signData,string publicKeySender,string privateKeyReceiver)来验证签名。采用 GetCiphertextByRsaPkcs1Util(string plaintext, string publicKeyReceiver,string privateKeySender)进行非对称密钥加密，采用 GetPlaintexttByRsaPkcs1Util(string ciphertext,string publicKeySender,string privateKeyReceiver)

进行解密。类库的用法如下：

```
var keyPairA = new XCRSAUtil().GeneratePkcs1Key();
            var priKeyA = keyPairA[0];
            var pubKeyA = keyPairA[1];

            var keyPairB = new XCRSAUtil().GeneratePkcs1Key();
            var priKeyB = keyPairB[0];
            var pubKeyB = keyPairB[1];
            Console.WriteLine(priKeyA == priKeyB);
            string euid = "12345678-1234-1234-1234-123456789ABC";
            var aRSA = new XC.RSAUtil.RsaPkcs1Util(System.Text.Encoding.UTF8, pubKeyB,
priKeyA, 2048);
            var token = aRSA.SignData(euid, HashAlgorithmName.MD5,
RSASignaturePadding.Pkcs1);   //数字签名
            var ciphertext= aRSA.Encrypt(euid, RSAEncryptionPadding.Pkcs1);   //加密
            var bRSA = new XC.RSAUtil.RsaPkcs1Util(System.Text.Encoding.UTF8, pubKeyA,
priKeyB, 2048);
            var result = bRSA.VerifyData(euid, token, HashAlgorithmName.MD5,
RSASignaturePadding.Pkcs1);   //验证签名
            var plaintext = bRSA.Decrypt(ciphertext, RSAEncryptionPadding.Pkcs1);   //解密
```

### 8.2.2 Web API 的安全令牌

为了能够保证客户端在上传数据时的安全，也为了保证系统不被恶意的客户端攻击（如，恶意插入数据），系统为设备开放的数据存储 API 需要进行身份验证，但是设备与系统的交互与用户与系统的交互还是有差别的，为每个设备提供一个唯一识别的身份令牌是解决该问题的关键所在。在设备与系统交互时，采用了非对称密钥加密的方式，因此设备需要能够获得系统的公钥。采用如下 API 获取公钥。

```
public string GetServerPublicKey()
        {
            return GlobalObjectProvider.serverPubKey;
        }
```

该公钥由 8.2.1 的 RSA 系统产生，而设备也需要将自己的公钥存储在系统中，设备的公钥对可以由 openssl 生成，亦可以由系统产生，这需要拥有设备的加盟商在 IDS 进行管理。设备的令牌可采用下面代码进行计算。

```
public string GenerateEToken(string eUID)
        {
            string eToken = "";
```

```
            string strSQL = $"select EPrivateKey from Partner where UserName=
'{HttpContext.User.Identity.Name}'";
            string clientPriKey = GlobalObjectProvider.dbContext.ExecuteScalar (strSQL)?.
ToString();
            if (clientPriKey != null)
            {
                eToken = ACLib.UCLib.RSAUtil.XCRSAUtil.GetSignDataByRsaPkcs1Util
(eUID, GlobalObjectProvider.serverPubKey, clientPriKey);
            }
            return eToken;
        }
```

当设备具有自己的公钥对和系统的公钥时，就可以通过携带自己的令牌向系统推送自己的数据了，上传数据的程序代码如下：

```
public string PushDataToServer(string euid,string etoken,string edata,int flag=4)
    {
        //若设备想进行云存储，需要能够访问 Web API，没有访问 Web API 能力的设备
需要添加 Agent 硬件

            bool bResult = false;
            #region  验证 euid 的数字签名是否等于 etoken，通过则为设备所发，不通过则
有冒名顶替之嫌
            string[] uids = euid.Split('-');
            string strSQL = $"select * from Partner ";
            if (flag == 4) strSQL += $"where EUID='00000000-0000-0000-0000-{uids[4]}'";
            else if (flag == 0) strSQL += $"where EUID='{uids[0]}-{uids[1]}-0000-0000-
000000000000'";
            else strSQL += "where 1=2";
            var partner = GlobalObjectProvider.dbContext.GetEntityModelCollectionBySQL
<Partner>(strSQL).FirstOrDefault();
            if (partner==null||partner.Status != 9) return "-1,对不起，您的状态不是 9！";
            try
            {
                string clientPubKey = partner.EPublicKey;
                bResult =ACLib.UCLib.RSAUtil.XCRSAUtil.VerifySignDataByRsaPkcs1Util
(euid, etoken, clientPubKey, GlobalObjectProvider.serverPrivateKey);
    }
            catch(Exception ex)
            {
                bResult = false;
                System.Diagnostics.Debug.WriteLine(ex.Message);
```

```
            }
            #endregion
            if (bResult)
            {
                try
                {
                    EquipmentData data = new EquipmentData() { EUID = euid, EData = edata,
RecordTime = DateTime.Now };
                    GlobalObjectProvider.dbContext.ExcuteQueryByEntityModel(data,
ACLib.DBHelper.DALs.EQType.Add);
                }
                catch (Exception)
                {
                    bResult = false;
                }
            }
            //一个设备有一个基于 euid 的数字签名，若发现设备攻击服务器，则取消该设备
的云存储
            //被屏蔽的设备再次启用，如需要更新该设备的 euid 部分，并重新设置签名
            return bResult.ToString();
        }
```

当用户上传数据时，调用 PushDataToServer(string euid,string etoken,string edata, int flag=4)api 进行推送，客户端必须提供设备的 euid 和 etoken，以备进行身份认证。通过认证的数据方能得到处理，否则返回错误消息。

## 8.3　基于 IDS 的系统认证安全

统一身份认证服务系统的一个基本应用模式是统一认证模式，它是以统一身份认证服务为核心的服务使用模式。用户登录统一身份认证服务后，即可使用所有支持统一身份认证服务的管理应用系统。身份认证一般与授权控制相互联系，授权控制是指一旦用户的身份通过认证，确定该用户可以访问哪些资源、可以进行哪种方式的访问操作等问题。本体系提供的 IDS 身份认证系统供各应用系统使用，但授权控制可以由各应用系统自己管理。

在 IDS 中要开启 IDS 的 SSO，需要各个系统共享同一个 Key，该文件存储在所有服务器能够访问的共享目录 shared-auth-ticket-keys 下的 key-2d1bae42-0503-4806-ac01-119fb7325be5.xml 文件中。

```
<?xml version="1.0" encoding="utf-8"?>
<key id="2d1bae42-0503-4806-ac01-119fb7325be5" version="1">
```

```
    <creationDate>2019-01-21T06:12:10.8148122Z</creationDate>
    <activationDate>2019-01-21T06:12:10.801827Z</activationDate>
    <expirationDate>2019-04-21T06:12:10.801827Z</expirationDate>
    <descriptor
deserializerType="Microsoft.AspNetCore.DataProtection.AuthenticatedEncryption.Configurati
onModel.AuthenticatedEncryptorDescriptorDeserializer, Microsoft.AspNetCore.DataProtection,
Version=2.0.0.0, Culture=neutral, PublicKeyToken=adb9793829ddae60">
      <descriptor>
        <encryption algorithm="AES_256_CBC" />
        <validation algorithm="HMACSHA256" />
        <masterKey p4:requiresEncryption="true" xmlns:p4="http://schemas.asp.net/2015/03/
dataProtection">
          <!-- Warning: the key below is in an unencrypted form. -->
          <value>sejS9GYedmHpTcaDkfOkj4mhisfzRqUPAFVcUOXc2r6r6RygCb9k+
UUKHgudnHQLnP/nF8qig3YtD0m1AcVEbg==</value>
        </masterKey>
      </descriptor>
    </descriptor>
</key>
```

在 IDS 的启动配置文件 Startup.cs 中添加如下代码。

```
public class Startup
{
    // This method gets called by the runtime. Use this method to add services to the container.
    public void ConfigureServices(IServiceCollection services)
    {
……
        services.AddAuthentication(options =>
        {
            options.DefaultAuthenticateScheme = CookieAuthenticationDefaults.
AuthenticationScheme;
            options.DefaultChallengeScheme = CookieAuthenticationDefaults.
AuthenticationScheme;
        }).AddCookie(CookieAuthenticationDefaults.AuthenticationScheme,options => {
            options.AccessDeniedPath = new PathString("/Account/Forbidden");
            options.DataProtectionProvider = DataProtectionProvider.Create(new
DirectoryInfo(ACLib.IDSHelper.CookieAuthOptions.KeyPath));
            options.Cookie.Name = ACLib.IDSHelper.CookieAuthOptions.CookieName;
            options.Cookie.Path = ACLib.IDSHelper.CookieAuthOptions.CookiePath;
            options.Cookie.SameSite = SameSiteMode.Lax;
            options.Cookie.SecurePolicy = CookieSecurePolicy.SameAsRequest;
            options.Events = new CookieAuthenticationEvents
            {
                OnSignedIn = context =>
                {
```

```
                    return Task.CompletedTask;
                },
                OnSigningOut = context =>
                {
                    return Task.CompletedTask;
                },
                OnValidatePrincipal = context =>
                {
                    return Task.CompletedTask;
                }
            };
            options.ExpireTimeSpan = TimeSpan.FromMinutes(10);
            options.LoginPath = new PathString(ACLib.IDSHelper.LoginAuthOptions.
IDSLoginPath);
            options.ReturnUrlParameter = "returnUrl";
            options.SlidingExpiration = true;
        });
        services.AddDistributedMemoryCache();
……
    }
    // This method gets called by the runtime. Use this method to configure the HTTP request
pipeline
    public void Configure(IApplicationBuilder app, IHostingEnvironment env)
    {
……
        app.UseAuthentication();
……
    }
}
```

若其他系统要承认 IDS 的授权，除了需要与 IDS 共享 shared-auth-ticket-keys 下的 key-2d1bae42-0503-4806-ac01-119fb7325be5.xml 文件外，还需要在自身的启动配置文件 Startup.cs 中添加如下代码。

```
public class Startup
{
    // This method gets called by the runtime. Use this method to add services to the container.
    public void ConfigureServices(IServiceCollection services)
    {
……
        services.AddAuthentication(options =>
        {
            options.DefaultAuthenticateScheme = CookieAuthenticationDefaults.
AuthenticationScheme;
            options.DefaultChallengeScheme = CookieAuthenticationDefaults.
```

```
AuthenticationScheme;
            }).AddCookie(options => {
                options.DataProtectionProvider = DataProtectionProvider.Create(new DirectoryInfo
(ACLib.IDSHelper.CookieAuthOptions.KeyPath));
                options.Cookie.Name = ACLib.IDSHelper.CookieAuthOptions.CookieName;
                options.Cookie.Path = ACLib.IDSHelper.CookieAuthOptions.CookiePath;
            });
……
        }
        // This method gets called by the runtime. Use this method to configure the HTTP request
pipeline
        public void Configure(IApplicationBuilder app, IHostingEnvironment env)
        {
……
            app.UseAuthentication();
……
        }
    }
```

当用户第一次访问应用系统 1 时，因为还没有登录，会被引导到 IDS 认证系统中登录；根据用户提供的登录信息，认证系统进行身份校验，如果通过校验，系统返回给用户一个认证的凭据——ticket；用户访问其他应用时就会将这个 ticket 带上，作为自己认证的凭据，应用系统接收到请求后会把 ticket 送到认证系统进行校验，检查 ticket 的合法性。如果通过校验，用户就可以不用再次登录而访问应用系统 2 和应用系统 3 了。

# 第9章　项目开发中的源代码版本控制与项目管理

系统开发过程中，各种程序代码、配置文件及说明文档等文件及其变更的管理是系统设计和开发过程中必须考虑的问题。文件的改变、版本号的增加是并行开发、多人协同作业中必须合并的事情。良好的版本控制工具可以有效地解决版本的同步及不同开发者之间的开发通信问题，提高协同开发的效率。并行开发中最常见的不同版本软件的错误（Bug）修正问题也可以通过版本控制中分支与合并的方法有效解决。

在每一项开发任务中，都需要首先设定开发基线，确定各个配置项的开发初始版本。在项目开发过程中，开发人员基于开发基线的版本，开发出所需的目标版本。当发生需求变更时，通过评估变更，确定变更的影响范围，修改被影响的配置项的版本，根据变更的性质使配置项的版本树继续延伸或产生新的分支，形成新的目标版本；而对于不受变更影响的配置项则不应发产生变动。同时，应能够记录和跟踪变更产生的对版本的影响，必要时还可以回退到以前的版本。

版本控制是软件配置管理的核心功能。所有置于配置库中的元素都应自动予以版本的标识，并保证版本命名的唯一性。版本在生成过程中，依照设定的使用模型自动分支、演进。除了系统自动记录的版本信息以外，为了配合软件开发流程的各个阶段，还需要定义、收集一些元数据来记录版本的辅助信息和规范开发流程，并为今后对软件过程的度量做好准备。当然如果选用的工具支持，这些辅助数据将能直接统计出过程数据，从而方便软件过程改进活动的进行。对于配置库中的各个基线控制项，应该根据其基线的位置和状态来设置相应的访问权限。一般来说，基线版本之前的各个版本都应处于锁定状态，如需变更，则应按照变更控制的流程来进行操作。

## 9.1　常用版本控制系统的比较

1. VSS

VSS（Visual Source Safe）。作为 Microsoft Visual Studio 的一员，主要任务就是负责项目文件的管理，几乎可以适用于任何软件项目。它管理软件开发中各个版本的源代码和文档占用空间小，并且方便各个版本代码和文档的获取，对开发小组中对源代码的访问进行有效的协调[13]。VSS 界面如图 9-1 所示。

图 9-1　VSS 界面

VSS 作为一款历史悠久的版本管理工具，在早期扛起了版本管理系统方面的大旗，能帮助解决一部分版本控制方面的问题，也能在一定程度上帮助解决代码共享方面的难题，但是依旧存在以下不足：

（1）文件大多会以独占的形势进行锁定，一个人在修改文件时，其他人没有办法对其进行修改。

（2）VSS 只支持 Windows 版本，且只兼容微软的开发工具。

（3）关于文件存储，服务器必须共享文件夹，对文件的安全性没有足够保障。

2. SVN

SVN（Subversion）是一个开放源代码的版本控制系统，相较于 RCS、CVS，它采用分支管理系统。它的设计目标就是取代 CVS。互联网上很多版本控制服务已从 CVS 迁移到 SVN。说得简单一点，SVN 的作用是多个人共同开发同一个项目、共用资源[13]。SVN 图标如图 9-2 所示。

图 9-2　SVN 图标

百度百科给出的对 SVN 的解释：SVN 是一个开源的版本控制系统。与 VSS 相比，除最基本的代码和文件管理功能外，其主要的革新是提供了分支功能，从而解决了 VSS 文件独占的问题，大幅提升了开发人员的工作效率。开发人员写完代码后可以随时提交到分支上，最后合并所有分支，解决冲突即可。相比 VSS 而言，SVN 在工作模式上有了翻天覆地的改变。

SVN 作为集中式的版本管理系统，具有以下优缺点。

优点：

（1）管理方便，逻辑明确，操作简单，上手快。

（2）易于管理，集中式服务器更能保证安全性。

（3）代码一致性非常高。

（4）有良好的目录级权限控制系统。

缺点：

（1）对服务器性能要求高，数据库容量经常暴增，体量大。

（2）必须联网。如果不能连接到服务器上，基本不能工作，如果不能连接上服务器，就不能进行提交、还原、对比等操作。

（3）不适合开源开发。

（4）分支的管控方式不灵活。

3．Git

Git 是一款免费、开源的分布式版本控制系统，用于灵活、高效地处理任何大小项目。作为一个开源的分布式版本控制系统，可以有效、高速地进行项目版本管理[13]。Git 图标如图 9-3 所示。

图 9-3　Git 图标

分布式相比于集中式的最大区别在于，开发者可以提交到本地，每个开发者通过克隆，可以在本地机器上复制一个完整的 Git 仓库。

Git 的特点如下：

（1）适合分布式开发，每一个个体都可以作为服务器，每一次克隆都是从服务器上获取到了所有内容，包括版本信息。

（2）公共服务器压力和数据量都不会太大。

（3）速度快、灵活，分支之间可以任意切换。

（4）任意两个开发者之间可以很容易地解决冲突，并且在单机上就可以进行分支合并。

（5）离线工作，不影响本地代码编写，可以在有网络连接以后再上传代码，并且在本地可以根据不同的需要新建分支。

## 9.2 项目开发中的版本控制

在实际产品研发过程中，一个项目的研发时间可能最短持续一周，每天进度不同，会存在第二天的研发出现错误，需要回滚回前一天，或者今天的案例需要用前几天部分代码的情况。同时技术产品文档和由实例所产生的文档会存在不断的版本迭代，如果更新版需要前一版资料做参考或者想查看版本迭代过程，则需要一个版本的控制工具。

### 9.2.1 Git、GitHub与GitLab

Git是用于Linux内核开发的版本控制工具，它采用了分布式版本库的方式，不用服务器端软件支持，使源代码的发布和交流极其方便。Git的速度很快，这对于开发高性能Web系统的大项目来说很重要。Git最出色的是它的合并跟踪（Merge Tracing）能力，但Git没有对版本库的浏览和修改做任何权限限制。GitHub是一个面向开源及私有软件项目的托管平台，只支持Git作为唯一的版本库格式进行托管，除了Git代码仓库托管及基本的Web管理界面以外，还提供了订阅、讨论组、文本渲染、在线文件编辑器、协作图谱（报表）、代码片段分享（Gist）等功能。GitLab与GitHub一样属于第三方基于Git开发的产品，基于MIT协议且开源，与Github类似，可以注册用户、任意提交代码、添加SSHKey等，不同的是，GitLab可以部署到自己的服务器上，数据库等一切信息都部署在本地服务器上，适合团队内部协作开发，可把GitLab看作个人版的GitHub。

### 9.2.2 使用Docker部署GitLab

1. 下载GitLab镜像

```
docker pull gitlab/gitlab-ce
```

可下载GitLab社区版的最新版。

2. 运行GitLab容器

```
docker run --detach \
--hostname 192.168.1.106:8880 \
--publish 8443:443 --publish 8880:80 --publish 2222:22 \
--name gitlab \
--restart always \
--volume /home/mygitlab/config:/etc/gitlab \
```

```
--volume /home/mygitlab/logs:/var/log/gitlab \
--volume /home/mygitlab/data:/var/opt/gitlab \
gitlab/gitlab-ce:latest
```

3. 配置 GitLab 容器

（1）配置邮箱。

```
docker exec -t -i gitlab vim /etc/gitlab/gitlab.rb
```

下面以网易 163 邮箱为例配置邮箱：

```
gitlab_rails['smtp_enable'] = true
gitlab_rails['smtp_address'] = "smtp.163.com"
gitlab_rails['smtp_port'] = 25
gitlab_rails['smtp_user_name'] = "xxxx@163.com"
gitlab_rails['smtp_password'] = "xxxxpassword"
gitlab_rails['smtp_domain'] = "163.com"
gitlab_rails['smtp_authentication'] = "login"
gitlab_rails['smtp_enable_starttls_auto'] = false
gitlab_rails['smtp_openssl_verify_mode'] = "peer"
gitlab_rails['gitlab_email_from'] = "xxxx@163.com"
user["git_user_email"] = "xxxx@163.com"
```

注意其中 xxxx@163.com 代表用户名，即邮箱地址，而 xxxxpassword 不是邮箱的登录密码，而是网易邮箱的客户端授权密码，在网易邮箱 Web 页面的“设置-POP3/SMTP/IMAP-客户端授权密码”查看。

（2）配置外部访问 URL。此项必须配置，否则默认以容器的主机名作为 URL，刚开始由于做了端口映射 80->8080，因此设置为 external_url http://yourIP:8080，后来发现 external_url 只能配置 IP 或者域名，不能有端口，否则不能启动。于是只能把端口设置为 80->80，然后将 external_url 设置为 external_url "http://yourIP:8080"。

（3）重启 GitLab。

```
docker restart gitlab
```

### 9.2.3 GitLab 多人协作开发

下面介绍 GitLab 如何做分支管理系统。如何在一个项目中做到分支管理，主要是解决多人协作开发的问题，目标是多人协作开发和尽量减少冲突。GitLab 如何达到这个目标呢？

（1）首先创建一个 master 主线，我们不会在该主线上开发整个项目，但是一定是以这条主线为参考进行开发。

（2）创建一个 master 的分支——develop，项目主题开发的实际代码将在这个分支上进行。

（3）如果在项目中尝试引入新的思路、技术或方法，将从 develop 签出 1～2

个 feature，新的思路、技术或方法代码将在 feature 分支上进行，若测试后可用，则将代码 push 到 develop 分支上，最后将 develop 分支合并到 master 主线上。

（4）在项目的迭代开发中，如果发现主分支上存在 Bug 需要修复，则从 master 分支上签出进行热修复，修复后分别 push 到 master 和 develop 分支上。

GitLab 实现目标的过程如图 9-4 所示。

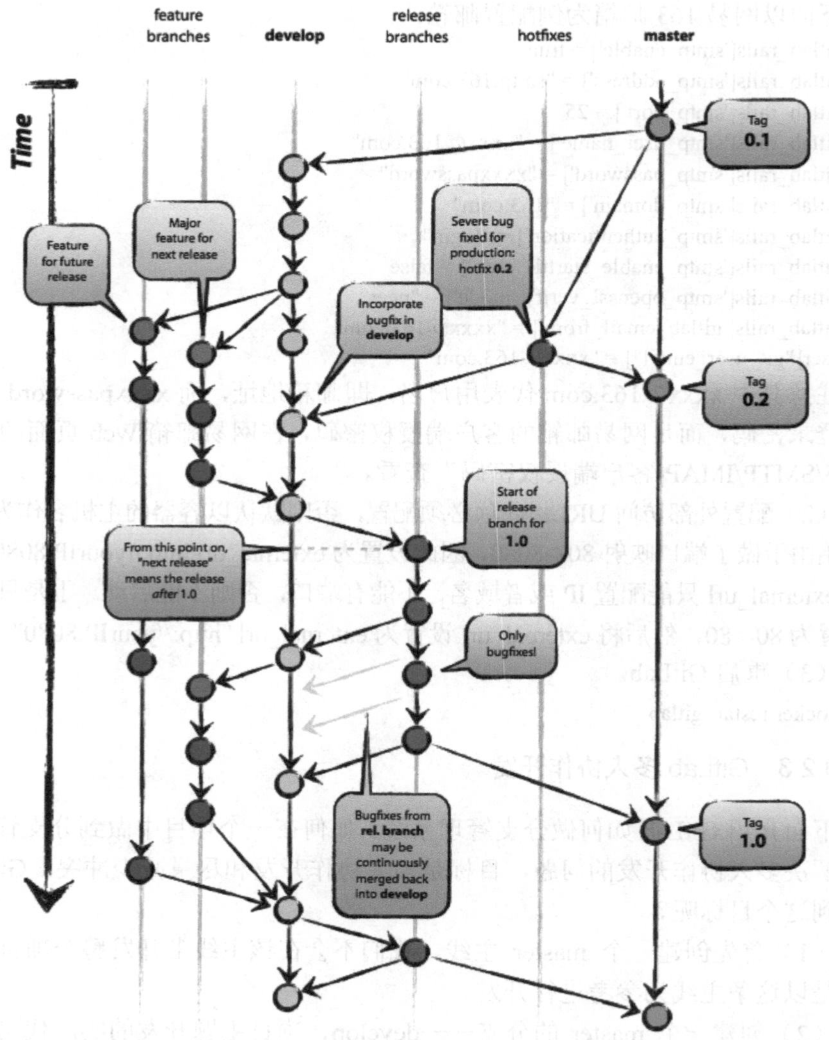


图 9-4 GitLab 实现目标的过程

版本策略制订好后，下面讲解具体操作步骤。

1. 新建项目及添加成员

在 GitLab 右上角单击加号图标■，如图 9-5 所示，进入新建项目页面。输入工程名 project，选择开放的级别（内部使用，一般是 public）。

图 9-5 新建项目

建好项目以后，在 Settings 选项卡下选择 Members 选项，在界面右侧单击 New project member 按钮，将添加项目成员，如图 9-6 所示。

图 9-6 添加项目成员

执行如下命令初始化项目。

```
git clone http://127.0.0.1/administrator/project.git
cd project
git init
touch README.md
git add README.md
git commit -m "first commit"
git remote add origin git@127.0.0.1:administrator/project.git
git push -u origin master
```

初始化以后给项目建立分支，如图 9-7 所示，单击 New branch 按钮，输入分支名称 Branches。

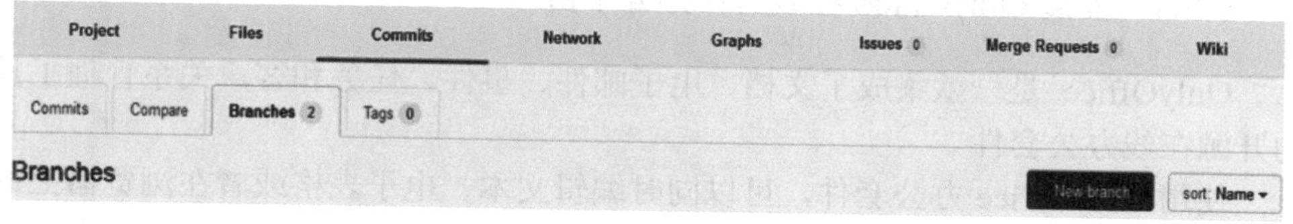


图 9-7 建立分支

2. 在分支上进行开发

对第 1 步中添加的项目成员执行如下操作。

```
git clone http://127.0.0.1/administrator/project.git
cd project
git checkout branch-0.1
```

现在就可以在该分支下开发了。后续提交代码时，如果有冲突则解决冲突。

```
git add
git commit
git push origin branch-0.1
```

3. 合并分支

将项目 owner 切换到 master，然后执行 merge 即可。

```
git checkout master
git merge --no-ff branch-0.1
git push origin master
```

## 9.3 项目管理与 OnlyOffice

项目管理是管理学的一个分支学科，旨在在项目活动中运用专门的知识、技能、工具和方法，使项目能够在有限资源限定条件下，实现或超过设定的需求和期望的过程。项目管理（Project Management，PM）是对一些成功地达成一系列目标的相关活动（譬如任务）的整体监测和管控，包括策划、进度计划和维护组成项目的活动的进展。项目管理是运用管理的知识、工具和技术于项目活动上，来达成解决项目存在的问题或达成项目的需求。所谓管理，包含领导（Leading）、组织（Organizing）、用人（Staffing）、计划（Planning）、控制（Controlling）五项主要工作。项目管理运用各种相关技能、方法与工具，为满足或超越项目有关各方对项目的要求与期望，所开展的各种计划、组织、领导、控制等方面的活动。

OnlyOffice 是一个免费开源的商业协作和项目管理的平台，主要功能包括项目管理、里程碑管理、任务、报表、事件、博客、论坛、书签、Wiki、即时消息等。

### 9.3.1 安装 OnlyOffice 在线协作办公平台

OnlyOffice 是一款集成了文档、电子邮件、事件、任务和客户关系管理工具的开源在线办公套件。

使用 OnlyOffice 办公套件，可以同时编辑文本、电子表格或者在浏览器上进行展示；可以直接在其文档上留下评论并用其中集成的聊天工具与其他人沟通；最后，可以以 PDF 格式保存文档并打印。它还具有额外的增强功能——能浏览文档历史，并在需要时恢复到之前的版本。

本书安装开源的 OnlyOffice 社区版本，在 openSUSE 15.0 上测试成功，官方建议使用现成的 Docker 镜像。安装 OnlyOffice 的过程如下所述。

1. 安装 Docker

```
zypper in docker
```

2. 安装 OnlyOffice

OnlyOffice 由三个部分组成：OnlyOffice 服务、OnlyOffice 文档服务、OnlyOffice 邮箱服务。

下面是安装 OnlyOffice 的相应步骤。

（1）创建一个 Docker 网络。

```
docker network create --driver bridge onlyoffice
```

OnlyOffice 文档服务：

```
docker run --net onlyoffice -i -t -d --restart=always --name onlyoffice-document-server -v /app/onlyoffice/DocumentServer/data:/var/www/onlyoffice/Data -v /app/onlyoffice/DocumentServer/logs:/var/log/onlyoffice onlyoffice/documentserver
```

（2）OnlyOffice 邮箱服务（停止和禁用 postfix 服务，释放 25 端口）。

```
docker run --net onlyoffice --privileged -i -t -d --restart=always --name onlyoffice-mail-server \
    -p 25:25 -p 143:143 -p 587:587 \
    -v /app/onlyoffice/MailServer/data:/var/vmail \
    -v /app/onlyoffice/MailServer/data/certs:/etc/pki/tls/mailserver \
    -v /app/onlyoffice/MailServer/logs:/var/log \
    -v /app/onlyoffice/MailServer/mysql:/var/lib/mysql \
    -h onlyoffice.coryix.com \
    onlyoffice/mailserver
```

注意替换上面的域名。

（3）OnlyOffice 服务。

```
docker run --net onlyoffice -i -t -d --restart=always --name onlyoffice-community-server \
    -p 80:80 -p 5222:5222 -p 443:443 \
    -v /app/onlyoffice/CommunityServer/data:/var/www/onlyoffice/Data \
    -v /app/onlyoffice/CommunityServer/mysql:/var/lib/mysql \
    -v /app/onlyoffice/CommunityServer/logs:/var/log/onlyoffice \
    -v /app/onlyoffice/DocumentServer/data:/var/www/onlyoffice/DocumentServerData \
    -e DOCUMENT_SERVER_PORT_80_TCP_ADDR=onlyoffice-document-server \
    -e MAIL_SERVER_DB_HOST=onlyoffice-mail-server \
    onlyoffice/communityserver
```

OnlyOffice 需要占用大量内存，如果内存不足，可以增加 swap 空间，在 Linux 下，可以使用 swap 文件增加 swap 交换空间大小。

3. 完成安装

使用浏览器访问http://your-server-ip。

可能遇到的问题如下：

（1）新建了一个文档并进行编辑却提示出错，这是由文件权限造成的。解决方案是在部署服务器上执行下述命令变更文件权限：

```
chmod -R 777 /app/onlyoffice/
```

（2）编辑文档输入中文时乱码，原因是默认字体列表没有中文。解决方案是从 Windows 系统中复制中文字体文件到 centos 的目录/usr/share/fonts/下，此处以新宋体常规字体为例，新宋体常规字体文件名为 simsun.ttc。

删除全部容器的命令如下：

```
docker rm -f $(docker ps -aq)
```

### 9.3.2 OnlyOffice 中的项目管理功能

#### 1. OnlyOffice 的主题功能

OnlyOffice 首页提供了文档管理、项目管理、成员管理和社区的入口程序，如图 9-8 所示。

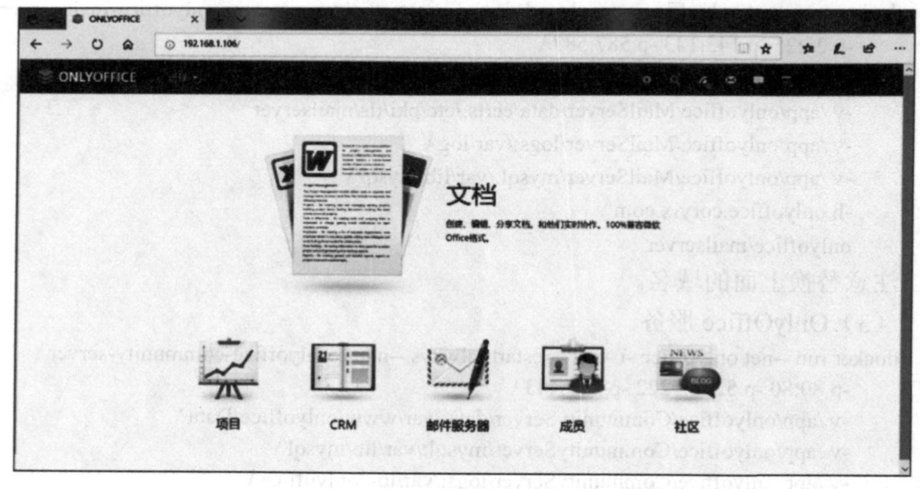


图 9-8 OnlyOffice 首页

#### 2. OnlyOffice 的项目管理

OnlyOffice 的项目管理中可以添加多个项目，项目下可以添加多个任务，每个任务可以由具体的人或团队负责。当将任务分派给各个项目组成员时，项目组成员将收到邮件通知。登录的用户可以管理自己的项目，如，建立项目、删除项目、更改项目的进度等；可为项目添加里程碑；可通过甘特图查看项目的进度。OnlyOffice 项目管理界面如图 9-9 所示。

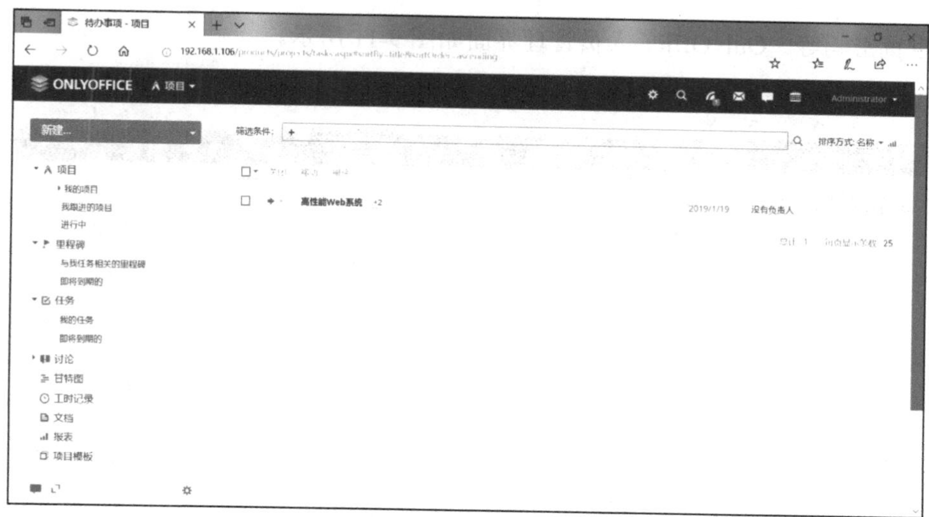

图 9-9　OnlyOffice 项目管理界面

### 3. OnlyOffice 的文档管理

OnlyOffice 为成员提供了一个在线的网盘，用户可以上传文档，查看和协同编辑 Word、Excel 和 PowerPoint 的开源文档。OnlyOffice 文档管理界面如图 9-10 所示。

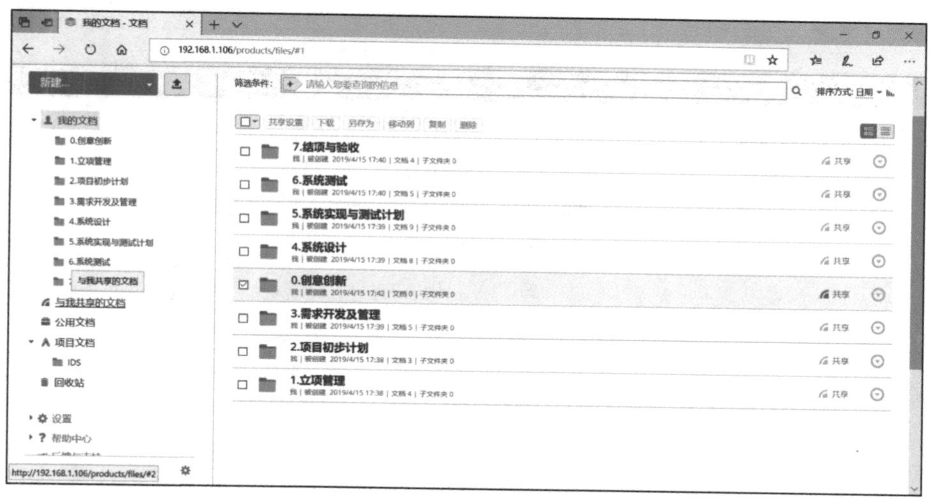

图 9-10　OnlyOffice 文档管理界面

### 4. OnlyOffice 的人员管理

管理员可以添加和邀请用户进入 OnlyOffice，并对用户进行分组管理、为用户重置密码等。OnlyOffice 人员管理界面如图 9-11 所示。

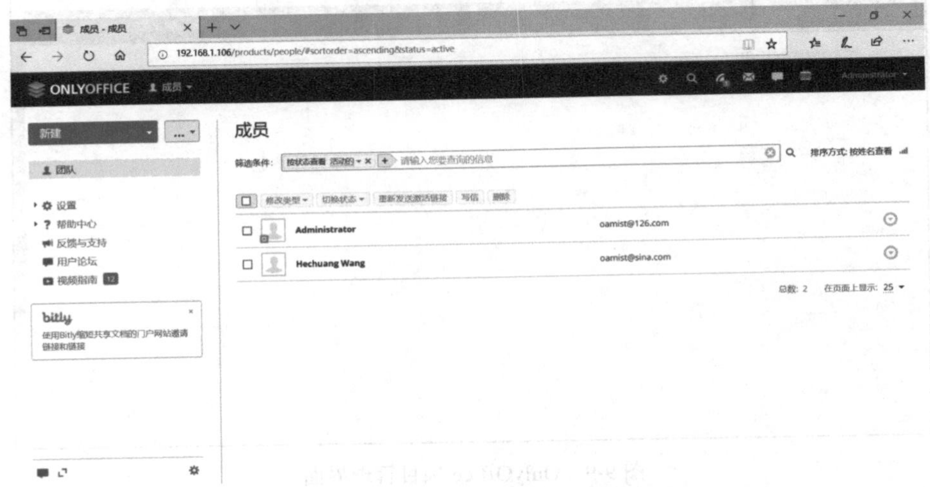

图 9-11　OnlyOffice 人员管理界面

5. OnlyOffice 的社区管理

OnlyOffice 提供了一个丰富的社区功能，可以发布新闻、公告、投票和规章制度，提供博客进行学术交流。OnlyOffice 社区管理界面如图 9-12 所示。

图 9-12　OnlyOffice 社区管理界面

# 第 10 章　项目部署与负载均衡技术

## 10.1　基于 Docker 的项目部署

### 10.1.1　Docker 概述[14]

Docker 是一个开源的应用容器引擎，可以让开发者打包他们的应用及依赖包到一个可移植的容器中，然后发布到任何流行的 Linux 机器上；也可以实现虚拟化。容器是完全使用沙箱机制，相互之间不会有任何接口。

Docker 解决的核心问题是利用 Linux 容器（LXC）实现类似 VM 的功能，从而节省硬件资源，为用户提供更多的计算资源。与 VM 的方式不同，LXC 并不是一套硬件虚拟化方法，无法归属到全虚拟化、部分虚拟化和半虚拟化中的任意一种方法，而是一个操作系统级虚拟化方法，理解起来可能并不像 VM 那样直观。

Docker 项目的目标是实现轻量级的操作系统虚拟化解决方案。

Docker 的基础是 LXC 等技术。Docker 在 LXC 的基础上进行了进一步的封装，让用户不需要关心容器的管理，使操作更简便。用户操作 Docker 的容器时就像操作一个快速轻量级的虚拟机一样简单。

图 10-1 和图 10-2 分别为虚拟机和 Docker 的说明示意图，由图可见 Docker 是在操作系统层面上实现虚拟化，直接复用本地主机的操作系统；而虚拟机是在硬件层面实现[14]。

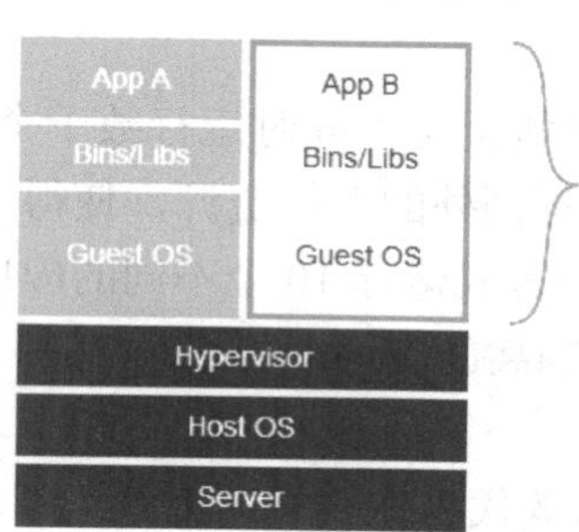


Virtual Machines

Each virtualized application includes not only the application - which may be only 10s of MB - and the necessary binaries and libraries, but also an entire guest operating system - which may weigh 10s of GB.

图 10-1　虚拟机

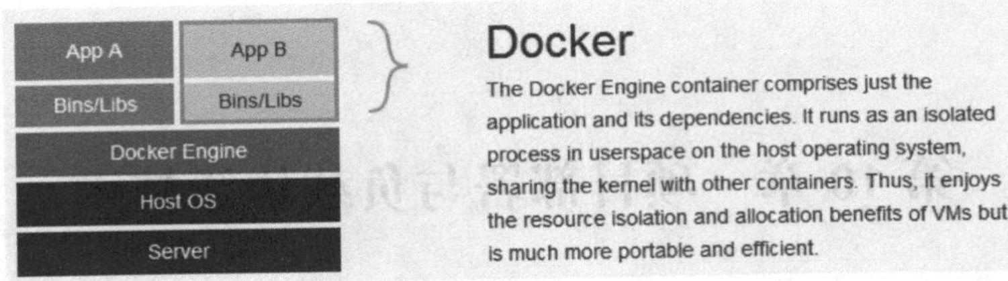


图 10-2 Docker 的说明示意图

### 10.1.2 Docker 的优势

作为一种新兴的虚拟化方式，Docker与传统的虚拟化方式相比具有众多优势，尤其在如下两个方面具有较大的优势：

（1）交付和部署更快速。

（2）在整个开发周期都可以完美地辅助用户实现快速交付，允许开发者在装有应用和服务的本地容器内进行开发，可以直接集成到可持续开发流程中。

例如：开发者可以使用一个标准的镜像来构建一套开发容器，开发完成之后，运行维护人员可以直接使用这个容器来部署代码。Docker 可以快速创建容器，快速迭代应用程序，并让整个过程全程可见，使团队中的其他成员更容易理解应用程序是如何创建和工作的。Docker 容器很轻很快，容器的启动时间是秒级的，节约了大量开发、测试、部署的时间。

1. 部署和扩容高效

Docker 容器几乎可以在任何平台上运行，包括物理机、虚拟机、公有云、私有云、个人计算机、服务器等。这种兼容性可以让用户把一个应用程序从一个平台直接迁移到另一个平台。

Docker 因具有兼容性和轻量特性，可以很轻松地实现负载的动态管理，使用户可以快速扩容或方便地下载应用和服务，速度趋近实时。

2. 资源利用率更高

Docker 对系统资源的利用率很高，一台主机上可以同时运行数千个 Docker 容器。容器除了运行其中的应用外，基本不消耗额外的系统资源，使得应用的性能很高，同时使系统的开销尽量小。传统虚拟机方式运行 10 个不同的应用就要启动 10 个虚拟机，而 Docker 只需要启动 10 个隔离的应用即可。

3. 管理更简单

使用 Docker 时，只需小小的修改，就可以替代以往大量的更新工作。所有修改都以增量的方式被分发和更新，从而实现自动化且高效的管理。

### 10.1.3 Docker 引擎

Docker 引擎是一个 C/S 结构的应用，其主要组件如图 10-3 所示。

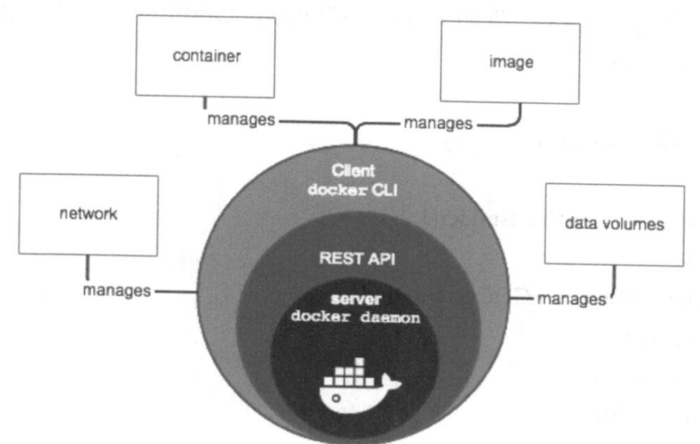


图 10-3 Docker 引擎的主要组件

- server 是一个常驻进程。
- REST API 实现 Client 和 Server 间的交互协议。
- CLI 实现容器和镜像的管理，为用户提供统一的操作界面。

### 10.1.4 Docker 构架

Docker 使用 C/S 架构，如图 10-4 所示，Client 通过接口与 Server 进程通信，实现容器的构建、运行和发布。Client 和 Server 可以运行在同一个集群，也可以通过跨主机实现远程通信。

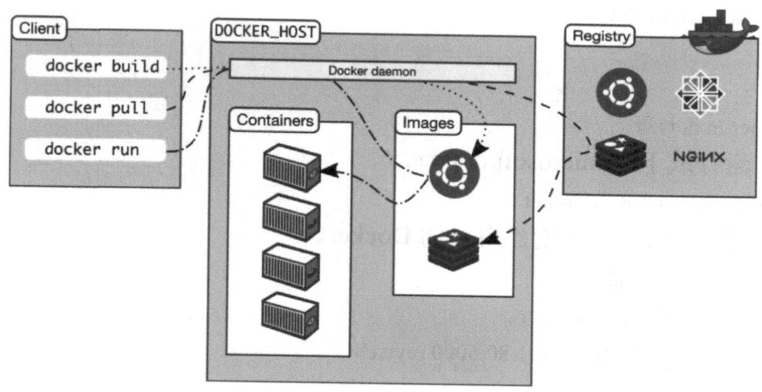


图 10-4 Docker 架构

### 10.1.5 基于Docker的项目部署

（1）复制项目工程文件到Linux服务器。

（2）修改Program.cs。增加.UseUrls("http://*:5000/")，修改后的代码如下：

```
public class Program
    {
public static void Main(string[] args)
{
    var host = new WebHostBuilder()
.UseKestrel()
.UseContentRoot(Directory.GetCurrentDirectory())
.UseIISIntegration()
.UseStartup<Startup>()
.UseUrls("http://*:5000/")
.Build();
    host.Run();
}
    }
```

（3）创建Dockerfile。

```
FROM microsoft/dotnet
COPY. /app
WORKDIR /app
RUN ["dotnet", "restore"]
EXPOSE 5000/tcp
ENTRYPOINT ["dotnet", "run"]
```

（4）安装Docker。

```
$>su
$>****
$>zypper in docker
```

（5）运行或下载microsoft/dotnet。

```
docker run -it microsoft/dotnet
```

（6）根据Dockerfile创建自己的Docker。

```
docker build -t myweb .
```

（7）运行创建的Docker。

```
docker run -it -p 192.168.1.101:80:5000 myweb
```

# 10.2 负载均衡服务器

当整个 Web 系统的访问量越来越大时，系统的响应速度将会越来越慢，系统扩展不可避免。系统的扩展可分为纵向垂直（Scale vertically 或 Scale Up）扩展和横向水平（Scale horizontally 或 Scale Out）扩展。纵向扩展 Scale Up 是从单机的角度通过提高硬件处理能力（如 CPU 处理能力、内存容量、磁盘等）实现服务器处理能力的提升。采用横向扩展 Scale Out 的方式可解决大型分布式系统在大流量、高并发、海量数据时响应速度变慢的问题。通过增加机器数量，共同承担访问压力，来满足大型网站服务的处理能力。负载均衡技术即为 Scale Out 服务。

## 10.2.1 需要负载均衡的原因

针对小规模访问的网站，可使用单台服务器提供集中式服务，单台服务器的处理能力只能达到每秒几万个到几十万个请求，然而针对高并发访问的系统，单台服务器无法在一秒钟内处理上百万个甚至更多的请求。若能将多台服务器组成一个系统，并通过软件技术将所有请求平均分配给所有服务器，那么这个系统就完全拥有每秒钟处理几百万个甚至更多请求的能力，这就是负载均衡（Load Balance，LB）最初的基本设计思想。

负载均衡是一种服务器或网络设备的集群技术。负载均衡将特定的业务（网络服务、网络流量等）分担给多个服务器或网络设备，从而提高了业务处理能力，保证了业务的高可用性。负载均衡基本概念有实服务、实服务组、虚服务、调度算法、持续性等，其常用应用场景主要是服务器负载均衡和链路负载均衡。通过负载均衡，可以解决并发带来的压力、提高应用处理性能、增加吞吐量、增强网络处理能力，提供故障转移功能，实现高可用，通过添加或减少服务器，提供网站伸缩性（扩展性）。通过在负载均衡设备上进行过滤、黑白名单处理等，实现安全防护。组建服务器集群，利用负载均衡技术在服务器集群间进行业务均衡。该方案的优势如下：

- 低成本可扩展性。当业务量增加时，系统可通过增加服务器来满足需求，且不影响已有业务、不降低服务质量。
- 高可靠性。单台服务器出现故障时，由负载均衡设备将后续业务转向其他服务器，不影响后续业务提供，保证业务不中断。

从单机网站到分布式网站的重要区别是业务拆分和分布式部署，将应用拆分后，部署到不同的机器上，实现大规模分布式系统。分布式和业务拆分解决了从集中到分布的问题，但是部署的每个独立业务还存在单点的问题和访问统一入口问题，为解决单点故障，我们可以采取冗余的方式——将相同的应用部署到多台机器上。为解决访问统一入口问题，我们可以在集群前面增加负载均衡设备，实现流量分发。

### 10.2.2 高并发解决方案中的负载均衡

当一台服务器的性能达到极限时，我们可以使用服务器集群来提高网站的整体性能。那么，在服务器集群中，需要有一台服务器充当调度者的角色，用户的所有请求都会首先由它接收，调度者再根据每台服务器的负载情况将请求分配给某台后端服务器去处理。在这个过程中，调度者如何合理分配任务，保证所有后端服务器都将性能充分发挥，从而保持服务器集群的整体性能最优呢？这就是负载均衡问题。

下面详细介绍负载均衡的四种实现方式。

1. HTTP 重定向实现负载均衡

（1）过程描述。当用户向服务器发起请求时，请求首先被集群调度者截获。调度者根据某种分配策略，选择一台服务器，并将选中的服务器的IP地址封装在HTTP响应消息头部的Location字段中，将响应消息的状态码设为302，最后将这个响应消息返回给浏览器。当浏览器收到响应消息后，解析Location字段，并向该URL发起请求，然后指定的服务器处理该用户的请求，最后将结果返回给用户。在使用HTTP重定向来实现服务器集群负载均衡的过程中，需要一台服务器作为请求调度者。用户的一项操作需要发起两次HTTP请求，第一次向调度服务器发送请求，获取后端服务器的IP；第二次向后端服务器发送请求，获取处理结果。

（2）调度策略。调度服务器收到用户的请求后，选择哪台后端服务器处理请求由调度服务器所使用的调度策略决定。

1）随机分配策略。当调度服务器接收到用户请求后，可以随机决定使用哪台后端服务器，然后将该服务器的IP封装在HTTP响应消息的Location属性中，返回给浏览器即可。

2）轮询策略。调度服务器需要维护一个值，用于记录上次分配的后端服务器的IP。当新的请求到来时，调度者将请求依次分配给下一台服务器。

由于轮询策略需要调度者维护一个值来记录上次分配的服务器IP，因此需要额外的开销；此外，由于这个值属于互斥资源，当多个请求同时到来时，为了避免线程的安全问题，需要锁定互斥资源，从而降低了性能。而随机分配策略不需要维护额外的值，也就不存在线程安全问题，因此性能比轮询的高。

（3）优缺点分析。采用HTTP重定向来实现服务器集群的负载均衡较容易，逻辑比较简单，但缺点也较明显。

在HTTP重定向方法中，调度服务器只在客户端第一次向网站发起请求时起作用。当调度服务器向浏览器返回响应信息后，客户端此后的操作都基于新的URL进行（也就是后端服务器），此后浏览器不会与调度服务器产生关系，进而会产生如下几个问题：①由于不同用户的访问时间、访问页面深度有所不同，因此每个用户对各自的后端服务器造成的压力也不同；②调度服务器在调度时，无法知道当前用户将对服务器造成多大的压力，因此这种方式无法实现真正意义上的负载均衡，只不过是把请求次数平均分配给每台服务器；③若分配给用户的后端服务器出现故障，并且页面被浏览器缓存，则当用户再次访问网站时，请求全部发送给出现故障的服务器，从而导致访问失败。

2. DNS负载均衡

（1）DNS域名解析。在了解DNS负载均衡之前，首先谈一下DNS域名解析的过程。网络数据包采用IP地址在网络中传播，为了方便记忆，用户使用域名来访问网站，在用户通过域名访问网站之前，需要将域名解析成IP地址，这项工作是由DNS（也就是域名服务器）完成的。用户提交的请求不会直接发送给想要访问的网站，而是首先发给域名服务器，它会帮用户把域名解析成IP地址并返回给用户，浏览器收到IP地址后才会向该IP发起请求。

DNS服务器有一个天然的优势——如果一个域名指向了多个IP地址，那么每次进行域名解析时，DNS只要选一个IP返回给用户，就能够实现服务器集群的负载均衡。具体做法：首先需要将域名指向多个后端服务器（将一个域名解析到多个IP上），再设置调度策略，接下来由DNS服务器实现负载均衡。当用户向我们的域名发起请求时，DNS服务器会自动地根据我们事先设定好的调度策略选择一个合适的IP返回给用户，用户再向该IP发起请求。

（2）调度策略。一般DNS提供商会提供一些调度策略供选择，如随机分配、轮询、根据请求者的地域分配离他最近的服务器等。

（3）优缺点分析。DNS负载均衡的最大优点就是配置简单。服务器集群的调度工作完全由DNS服务器承担，用户就可以把精力放在后端服务器上，保证稳定性与吞吐量；而且完全不用担心DNS服务器的性能，即便使用了轮询策略，它的吞吐量依然卓越。

此外，DNS负载均衡具有较强的扩展性，完全可以为一个域名解析较多IP，而且不用担心性能问题。

但是，由于把集群调度权交给了DNS服务器，因此不能随心所欲地控制调度者，也不能定制调度策略。

DNS服务器不能了解每台服务器的负载情况，因此不能实现真正意义上的负载均衡。它与HTTP重定向相同，只不过把所有请求平均分配给了后端服务器。

此外，当发现某台后端服务器发生故障时，即使立即将该服务器从域名解析中去除，由于DNS服务器会有缓存，该IP仍然会在DNS中保留一段时间，这就会导致一部分用户无法正常访问网站。这是一个致命的问题，好在可以用动态DNS来解决该问题。

（4）动态DNS。动态DNS能够让用户通过程序动态修改DNS服务器中的域名解析，当用户监控程序发现某台服务器停止工作之后，能立即通知DNS将其删掉。

综上所述，DNS负载均衡是一种粗犷的负载均衡方法，这里只做介绍，不推荐使用。

3. 反向代理负载均衡

（1）反向代理负载均衡的概念。反向代理服务器是一个位于实际服务器之前的服务器，所有向网站发来的请求都要先经过反向代理服务器，服务器根据用户的请求直接将结果返回给用户，或者将请求交给后端服务器处理后再返回给用户。

（2）反向代理服务器实现负载均衡。前面介绍了用反向代理服务器实现静态页面和常用的动态页面的缓存，下面介绍反向代理服务器更常用的功能——实现负载均衡。

所有发送给网站的请求都先经过反向代理服务器，那么反向代理服务器就可以充当服务器集群的调度者，可以根据当前后端服务器的负载情况，将请求转发给一台合适的服务器，并将处理结果返回给用户。

（3）反向代理服务器实现负载均衡的优缺点。

优点如下：

1）隐藏后端服务器。与HTTP重定向相比，反向代理能够隐藏后端服务器，所有浏览器都不会与后端服务器直接交互，从而能够确保调度者的控制权，提升集群的整体性能。

2）故障转移。与DNS负载均衡相比，反向代理能够更快速地移除故障节点。当监控程序发现某台后端服务器出现故障时，能够及时通知反向代理服务器，并立即将问题服务器删除。

3）合理分配任务。HTTP重定向和DNS负载均衡都无法实现真正意义上的负载均衡，也就是调度服务器无法根据后端服务器的实际负载情况分配任务。但反向代理服务器支持手动设定每台后端服务器的权重，我们可以根据服务器的配置设置不同的权重，权重的不同会使被调度者选中的概率不同。

缺点如下：

1）调度者压力过大。由于所有的请求都先由反向代理服务器处理，因此当请求量超过调度服务器的最大负载时，调度服务器的吞吐量降低，而直接降低集群的整体性能。

2）制约扩展。当后端服务器也无法满足巨大的吞吐量时，就需要增加后端服务器，但不能无限量地增加，因为受到调度服务器的最大吞吐量的制约。

（4）粘滞会话。反向代理服务器会引起一个问题：若某台后端服务器处理了用户的请求，并保存了该用户的 Session 或存储了缓存，则当该用户再次发送请求时，无法保证该请求仍然由保存了其 Session 或缓存的服务器处理。若由其他服务器处理，先前的 Session 或缓存就找不到了。

解决方法 1：可以修改反向代理服务器的任务分配策略，以用户 IP 作为标识较合适。相同的用户 IP 会交由同一台后端服务器处理，从而避免了粘滞会话的问题。

解决方法 2：可以在 Cookie 中标注请求的服务器 ID，当再次提交请求时，调度者将该请求分配给 Cookie 中标注的服务器处理。

### 10.2.3 使用 Nginx 实现负载均衡

在本系统服务器集群中，Nginx 扮演一个代理服务器的角色（即反向代理），为了避免单台服务器压力过大，将来自用户的请求转发给不同的服务器[15]。

负载均衡用于从 Nginx 的 upstream 模块定义的后端服务器列表中选取一台服务器接收用户的请求。一个最基本的 upstream 模块代码如下所示，模块内的 server 是服务器列表。

```
#动态服务器组
upstream dynamic_Superstore {
      server localhost:8080; #Superstore_Master
      server localhost:8081; #Superstore_Slave01
      server localhost:8082; #Superstore_Slave02
      server localhost:8083; # #Superstore_Slave03
}
```

在配置完成 upstream 模块后，让指定的访问反向代理到服务器列表：

```
#其他页面反向代理到 tomcat 容器
location ~ .*$ {
   index index.cshtml index.html;
   proxy_pass http://dynamic_Superstore;
}
```

这就是最基本的负载均衡实例，但不足以满足实际需求。目前 Nginx 服务器的 upstream 模块支持表 10-1 所示的 6 种分配方式。

表 10-1 负载均衡策略

| 方式 | 类型 | 简介 |
| --- | --- | --- |
| 轮询 | 默认方式 | Round Robin：对所有的 backend 轮询发送请求，是最简单的方式，也是默认的分配方式 |
| weight | 权重方式 | 权重方式，在轮询策略的基础上指定轮询的概率 |
| ip_hash | 依据 ip 分配方式 | IP Hash：对请求来源 IP 地址计算 hash 值，IPv4 会考虑前 3 个 octet，IPv6 会考虑所有地址位，然后根据得到的 hash 值，通过某种映射分配到 backend |
| least_conn | 最少连接方式 | Least Connections，跟踪和 backend 当前的活跃连接数目，连接数最少说明这个 backend 负载最轻，将请求分配给它，这种方式会考虑到配置中给每个 upstream 分配的 weight 权重信息 |
| fair（第三方） | 响应时间方式 | Least Time：请求会分配给响应最快和活跃连接数最少的 backend |
| url_hash（第三方） | 依据 URL 分配方式 | Generic Hash：以用户自定义资源（如 URL）的方式计算 hash 值完成分配，可选 consistent 关键字支持一致性 hash 特性 |

下面仅详细说明 Nginx 自带的负载均衡策略。

1. 轮询

轮询是最基本的配置方法，10.2.3 中的例子就是轮询的方式，它是 upstream 模块默认的负载均衡策略。每个请求会按时间顺序逐一分配到不同的后端服务器。轮询的参数见表 10-2。

表 10-2 轮询的参数

| 参数 | 简介 |
| --- | --- |
| fail_timeout | 与 max_fails 结合使用 |
| max_fails | 设置在 fail_timeout 参数设置的时间内最大失败次数，如果在这个时间内，所有针对该服务器的请求都失败了，那么认为该服务器停机了 |
| fail_time | 被认为服务器停机的时间长度，默认为 10s |
| backup | 标记该服务器为备用服务器。当主服务器停机时，请求会被发送到这里 |
| down | 标记服务器永久停机 |

**注意：**

- 在轮询中，如果服务器停机了，会被自动剔除。
- 默认配置就是轮询策略。
- 此策略适合服务器配置相当、无状态且短平快的服务使用。

2. weight

Weight 是权重方式，在轮询策略的基础上指定轮询的概率。例子如下：

```
#动态服务器组
upstream dynamic_Superstore {
    server localhost:8080    weight=2; #Superstore_Master
    server localhost:8081; #Superstore_Slave01
    server localhost:8082    backup; #Superstore_Slave02
    server localhost:8083    max_fails=3 fail_timeout=20s; # #Superstore_Slave03
}
```

在该例中，weight 参数用于指定轮询概率。weight 的默认值为 1。weight 的数值与访问比率成正比，如 Superstore_Master 被访问的几率为其他服务器的两倍。

**注意：**

- 权重越高，分配到需要处理的请求越多。
- 此策略可以与 least_conn 和 ip_hash 结合使用。
- 此策略适合服务器的硬件配置差别比较大的情况。

3. ip_hash

ip_hash 指定负载均衡器按照基于客户端 IP 的分配方式，确保了相同的客户端请求一直发送到相同的服务器，以保证 Session 会话。这样每个访客都固定访问同一台后端服务器，可以解决 Session 不能跨服务器的问题。例子如下：

```
#动态服务器组
  upstream dynamic_Superstore {
    ip_hash;   #保证每个访客固定访问同一台后端服务器
    server localhost:8080    weight=2; #Superstore_Master
    server localhost:8081; #Superstore_Slave01
    server localhost:8082; #Superstore_Slave02
    server localhost:8083    max_fails=3 fail_timeout=20s; # #Superstore_Slave03
  }
```

**注意：**

- 在 Nginx 1.3.1 之前，不能在 ip_hash 中使用权重（weight）。
- ip_hash 不能与 backup 同时使用。
- 此策略适合有状态服务，如 Session。
- 当需要剔除服务器时，必须手动将服务器停机。

4. least_conn

least_conn 把请求转发给连接数较少的后端服务器。轮询算法是把请求平均地转发给各个后端，使它们的负载大致相同；但有些请求占用的时间很长，会导致其所在的后端负载较大。这种情况下，least_conn 可以达到更好的负载均衡效果。例子如下：

```
#动态服务器组
upstream dynamic_Superstore {
```

```
    least_conn;   #把请求转发给连接数较少的后端服务器
    server localhost:8080   weight=2; #Superstore_Master
    server localhost:8081; #Superstore_Slave01
    server localhost:8082 backup; #Superstore_Slave02
    server localhost:8083   max_fails=3 fail_timeout=20s; # #Superstore_Slave03
}
```

注意：此负载均衡策略适合请求处理时间长短不一造成服务器过载的情况。

5. 第三方策略

第三方策略的实现需要安装第三方插件。

（1）fair。按照服务器端的响应时间来分配请求，响应时间短的优先分配。

```
#动态服务器组
upstream dynamic_Superstore {
    server localhost:8080; #Superstore_Master
    server localhost:8081; #Superstore_Slave01
    server localhost:8082; #Superstore_Slave02
    server localhost:8083; # #Superstore_Slave03
    fair;   #实现响应时间短的优先分配
}
```

（2）url_hash。按访问URL的hash结果来分配请求，使每个URL定向到同一台后端服务器，要配合缓存命中率来使用。同一个资源的多次请求可能会到达不同的服务器，导致不必要的多次下载，缓存命中率不高，且浪费一些时间资源。而使用url_hash可以使得同一个URL（也就是同一个资源请求）到达同一台服务器，服务器一旦缓存了资源，再接收到请求时就可以从缓存中读取。

```
#动态服务器组
upstream dynamic_Superstore {
    hash $request_uri;   #实现每个URL定向到同一台后端服务器
    server localhost:8080; #Superstore_Master
    server localhost:8081; #Superstore_Slave01
    server localhost:8082; #Superstore_Slave02
    server localhost:8083; # #Superstore_Slave03
}
```

以上除了轮询和轮询权重外，都是Nginx根据不同的算法实现的。在实际运用中，需要根据不同的场景选择性地运用，大多情况下结合使用多种策略以达到实际需求。

# 参考文献


[1] v_JULY_v.从上百幅架构图中学得半点大型网站建设经验[EB/OL]. https://blog.csdn.net/v_july_v/article/details/6839360，2011-10-01.

[2] myzhibie.基于 Web 的 IM 软件通信原理分析[EB/OL]. https://www.cnblogs.com/myzhibie/p/4589420.html，2015-06-19.

[3] 陈发明. 负载均衡原理与技术实现[EB/OL]. http://network.51cto.com/art/201509/492457.htm，2015-09-25.

[4] 以梦为码. 高性能数据库集群：读写分离[EB/OL]. https://www.cnblogs.com/volare/p/9783041.html.2018-10-03.

[5] 叶梦. MySQL Cluste（入门篇）——分布式数据库集群搭建[EB/OL]. https://blog.csdn.net/qq_15092079/article/details/82665307，2018-09-03.

[6] YoMe.理解并使用.Net 4.5中的 HttpClient[EB/OL]. http://www.cnblogs.com/wywnet/p/httpclient.html，2016-01-28.

[7] 云头条. 微软开源 ML.NET：一款跨平台、成熟的机器学习框架[EB/OL]. http://www.sohu.com/a/231045786_465914，2018-05-29.

[8] 猫無演并式.【Accord.NET】快速入门机器学习，之 SVM 算法 C#下应用[EB/OL]. http://blog.sina.com.cn/s/blog_e90824410102wos0.html，2016-05-23.

[9] cws1214.消息队列使用的四种场景介绍[EB/OL]. https://blog.csdn.net/cws1214/article/details/52922267，2016-10-25.

[10] .dotNET 跨平台.NET Core 使 RabbitMQ[EB/OL]. https://blog.csdn.net/sD7O95O/article/details/78126418，2017-09-24.

[11] loveWEBmin.http 和 HTTPS 握手过程详解[EB/OL]. https://blog.csdn.net/cout__waht/article/details/80859369，2018-06-29.

[12] 程序员的那点事. 几种常用的版本控制系统优缺点比较[EB/OL]. https://www.jianshu.com/p/e8528bff9b1b，2017-10-12.

[13] wyaoo.Docker 和传统虚拟化方式的比较[EB/OL]. https://www.jianshu.com/p/2c679294e529，2017-03-10.

[14] 左羽. 详解 Nginx 服务器之负载均衡策[EB/OL]. https://www.jb51.net/article/143985.htm，2018-07-18.